家风和畅系列

尊老敬贤建和谐

家和篇

姜正成◎主编

中国财富出版社

图书在版编目（CIP）数据

尊老敬贤建和谐：家和篇/姜正成主编．—北京：中国财富出版社，2015.2
（家风和畅系列）
ISBN 978-7-5047-5472-1

Ⅰ．①尊…　Ⅱ．①姜…　Ⅲ．①家庭道德-中国-通俗读物
Ⅳ．①B823.1-49

中国版本图书馆 CIP 数据核字（2014）第 273631 号

策划编辑　王秋萍　　责任印制　方朋远
责任编辑　白　柠　　责任校对　杨小静

出版发行　中国财富出版社
社　　址　北京市丰台区南四环西路 188 号 5 区 20 楼　　邮政编码　100070
电　　话　010-52227568（发行部）　　010-52227588 转 307（总编室）
　　　　　010-68589540（读者服务部）　　010-52227588 转 305（质检部）
网　　址　http://www.cfpress.com.cn
经　　销　新华书店
印　　刷　北京柯蓝博泰印务有限公司
书　　号　ISBN 978-7-5047-5472-1/G·0595
开　　本　640mm×960mm　1/16　　版　　次　2015 年 2 月第 1 版
印　　张　15.75　　印　　次　2015 年 2 月第 1 次印刷
字　　数　249 千字　　定　　价　38.00 元

前言

良好家风的建设，是建设和谐社会、幸福社会的根基，千家万户崇尚孝道则社会稳定和谐。家风建设，其重点在于传统孝道的恢复与发扬光大。

大多数中国人对“家和万事兴”这句话耳熟能详，其实这是后一句，很多人却不知道这句话的前一句是“人孝百愿成”。“人孝百愿成，家和万事兴”道出了躬行孝道心想事成，秉承孝道家道中兴的道理。

“孝”永远是一颗闪耀着人伦之光的璀璨明珠，是中华文化的瑰宝，也是我国人伦道德的基石。我国现存最早的汉字文献资料殷商甲骨卜辞之中已有“孝”字，体现了孝的观念。

孝是道德的根本，是道德规范的核心，许多善行都是以“孝行”为基础衍生出来的。发扬和继承优秀孝文化对于塑造一个人的崇高道德和健康人格具有积极的作用。培养自己的孝心，激发自己的孝心，实践自己的孝心，良心就随之而发，人格自然得到健全。

孝是天下为公的社会责任意识的源头，是一切道德的基础。一个有孝心的人是善良的，而这也正是当代社会一个有道德的人所必备的思想品质。

然而，随着现代社会生活节奏的加快、竞争的日趋激烈，年轻一代更重视自我价值实现的理念，社会中实用主义的人际关系冲击着传统血缘纽带维系的家庭关系，血缘亲情的凝聚力有所削弱。原有平衡的抚养、赡养关系被打破，出现了部分不敬、不尊、不养老人或有养无敬、有养无爱的情况，“厌老宠幼”现象有所蔓延。

古人言：“知为人子者，然后可以做人。”意思是说懂得自己作为“人子”应尽的孝道，那才谈得上是一个真正的人，才算是一个具有人性的人。父母是赐予我们生命的人，他们给我们家、给我们爱、给我们所有他们能给的一切。孝顺父母是爱的开始，是善的结晶，更是为人的根基。

希望读者能从本书中得到启发和借鉴，对孝有一个新的认识，用理性的态度看待孝道，学习孝道，传承孝风，让孝的优良传统带着它的精华部分扎根我们的家庭中，从而使孝的家风发扬光大，在全社会形成尊老、敬老、爱老的社会风尚，为建设和谐家庭、和谐社会做出自己应有的贡献。

目录

第一章

树家风：家和才能万事兴

孝作为中国文化的一个核心观念，体现了儒家亲长、尊长的基本精神，它既是纵贯天、地、人，祖先、父辈、己身、子孙的纵向链条，也是中国一切人际与社会关系得以形成的精神基础。

第二章

正家风：父慈子孝成美名

孝敬父母，是中华民族自古以来的传统美德。孝敬绝不是简单地回报父母的养育之恩，更是一种责任意识、自立意识的体现。父母为了我们时刻操劳，他们对我们的教育、爱护又让我们有什么理由不去爱他们，不去尊重、孝敬他们？一个不懂得体谅父母的人是可耻的，一个不会爱父母的人是可悲的，这样的人是不会、也不应该赢得社会的尊敬。

第三章

养家风：孝子应当育孝心

中国的孝不是空洞的口号，而是切切实实的行动，比如《孝经》就很详细地说明了一个人在家如何做到孝，外出如何做到孝，出仕时又该如何做到孝。至于我们现代人，由于缺少孝的培养，很难做到真正的孝，我们通常自以为的孝不过是古代的皮毛罢了。

第四章

扬家风：兄弟姐妹要和睦

古人常说："入则孝，出则悌。"孝，指还报父母的爱；悌，指兄弟姊妹的友爱，也包括了和朋友之间的友爱。孔子非常重视悌，认为悌是做人、做学问的根本。悌不是教条，是有人性光辉的爱，悌的最佳表现就是兄友弟恭。

第五章

传家风：尊老敬师传孝道

中国人向来有尊老爱老、尊师重道的良好品性，尊敬老人和尊敬老师都是孝文化的扩展和延伸。所谓“一日为师，终身为父”，在古代，老师相对于学生有着极高的威严，学生对老师必须做到毕恭毕敬。学生登门拜见老师时应当礼貌周全，遵守必要的礼仪，以表示对老师的尊敬。在今天，我们更要将这种美德传承下去。

第六章

用家风：治国管理孝为先

孝对于中国而言已经不仅仅是子女对于父母的敬重和赡养，而是成了一种独特的孝文化。在今天，孝文化不仅仅可以引导我们如何去做一个孝子，更可以在立身、处世、管理、治国等方面给我们指导。

第七章

育家风：养子首先育孝心

常言道，家庭是孩子成长的第一所学校，父母则是孩子的第一任老师。父母的一言一行犹如一面镜子，对孩子具有潜移默化的影响。在孝敬父母方面，很多古人在孩子面前表现出的孝道可谓令人肃然起敬，堪称典范。

第一章

树家风：家和才能万事兴

孝作为中国文化的一个核心观念，体现了儒家亲长、尊长的基本精神，它既是纵贯天、地、人，祖先、父辈、己身、子孙的纵向链条，也是中国一切人际与社会关系得以形成的精神基础。

孝道是人伦之基

原典赏读

【原文】

人伦和睦，则天道顺。

——《齐东野语·巴陵本末》

【译文】

人伦和睦，则一切事情都会顺利。

慈风孝行

人伦是中国古代儒家伦理学说的基本概念之一，也是中国封建礼教所规定的人与人之间尊卑长幼的等级关系。

人伦道德是社会道德体系中的一个组成部分。《汉书·东方朔传》说："上不变天性，下不夺人伦。"人伦道德，是人必须具备的基本道德，也是社会得以存在和稳定发展的重要因素。

中国社会，从原始社会到封建社会，人际的政治伦理关系都是以氏族、家庭的血缘关系为纽带的。血缘亲情是联结亲子之间最天然、最紧密的纽带。因此，中华文化的特点之一便是具有浓厚的血缘宗法成分。

一般来说，同一血缘关系的人，为了本氏族的安定和繁荣，需要相互关心、帮助。父母有责任抚养、教育子女，子女应该尊敬、赡养父母。这样，就有了同一血缘关系的孝。

孔子的弟子宰我，曾对父母守"三年之丧"提出质疑。孔子提出了他的看法，他说："子生三年，然后免于父母之怀。"这就是说，父母对子女，不但有着亲子的血缘关系，而且子女在生下来之后，差不多三年的时间内，都是在父母的怀抱中长大的。父母不但养育了子女，而且还用尽心力，对子女进行教育，使子女能成家立业。既然父母对子女有如此深厚的恩情，为什么子女不应当加倍予以报答呢?

因此，“孝”是一种从人类的天性中所产生的至高无上的情感，这种情感逐渐转变成一种纯洁崇高的道德信念，它是人类神圣血缘关系的必然结果，也对维系人伦起到了稳定的作用。

正因如此，在中国古代，主张“百善孝为先”“以孝治天下”，并且将“孝”与传统礼法融为一体，以维护人伦，融合家庭关系，达到稳定社会的目的。

在周朝，每年举行一次大规模的“乡饮酒礼”活动，旨在敬老尊贤。礼法规定，70 岁以上的老人有食肉的资格，享受敬神一样的礼遇。

春秋战国时，70 岁以上的老人免一子赋役，80 岁以上的老人免两子赋役，90 岁以上老人，全家免赋役。

清朝年间还举行过大型的尊老敬老活动——千叟宴。康熙 61 岁时，曾在乾清宫宴请过 65 岁以上的老人，共有 1020 人。筵席上，老人和康熙平起平坐，皇子皇孙侍立一旁，给老人倒酒。康熙还即兴赋诗，名曰《千叟宴诗》。

为保障崇孝风尚固化，历代皇帝还采取褒奖孝行、劝民行孝的各种举措。汉文帝时，曾诏令天下郡守，推举孝廉之士，授以官爵；隋唐开始实行的科举制度中，均专门设立孝廉科名。

此外，各个朝代还颁布法令严惩不孝之人。隋唐后的刑律皆将不孝列入等同谋反、不予宽赦的“十大恶”之中。明津中，凡不顺从父母致使父母生气的事皆视为忤逆，可告于官，要打板子直至判刑。

另外，孝道不仅是神圣血缘关系的结果，而且体现了一种人类最原始的家庭伦理，是联结亲子关系的伦理纽带。

孝的教育是维持良好社会伦理的根本，它培养的是人的一种恩义、情义。孝心一开，百善皆开。

“孝”是人类内心中最为柔软、纯净与美好的部分。它来自于先天，来自于血缘，来自于真和善的本心。让我们把孝种在心中，点燃一盏心灯，让孝道在天地间绵亘永恒。

家风故事

夏统洛阳买药

自古寒门出孝子。晋朝时，家住浙江的夏统就是这样一位寒门孝子。

夏统少时丧父，家中极为贫寒，与母亲相依为命。他从小就知孝顺母亲，总是抢重活、脏活干，为了糊口上山采橡子，总是顶着星星出门，又顶着星星回来。母亲生病，他就承担一切家务，衣不解带，悉心照料母亲。一次为了病中的母亲，他不辞劳苦，走了很远的路，到海边弄鱼虾给母亲吃。夏统不仅知书达理，尊敬长辈，而且博学多识，能言善辩，因此，有人看他整日在家里操持家务，觉得可惜，就劝他出去做官，而夏统总是一笑拒绝。后来有人为了激他，就对他说：“像你这样有才学、清正高尚的人，如果出去做官，交结权贵，荣耀显达自有时日，何必守着这田园，一辈子没有出息呢?”夏统听了这话感到不入耳，便面孔一沉说：“你怎么把我当成这样的人?太平岁月也好，动荡不安的岁月也好，只要我坚持自己的操守，就自有度日的方法，而置身官场，要学会逢迎讨好，言非己意，还要左右周旋，哪有我在家侍奉母亲更能体现我的孝道和操守呢?”使那人无言以对。

一次，家族祠堂开祠祭祀祖先，夏统的表兄从外面请来两个女巫，说是请神治父病，并祈求父亲身体安康。这两个年轻女子容貌俊秀，衣着鲜丽，能歌善舞，很有一套装神弄鬼的本领。这天晚上，钟鼓合鸣，五音齐奏，两个女巫拔刀破舌、吞刀吐火，表演起巫术来。夏统一看这番表演就责备众人不该这样做，认为装神弄鬼是最不体面的事，不但不起什么作用，反倒影响长辈的声誉，这不是孝顺长辈的行为。众人一听，言之有理，便不再说什么，“祭祀”也草草收场了。

最感人的还是夏统到洛阳为母亲买药的故事。

那是三月上巳这一天，洛河岸边游人如织，原来这一天是古代的节日，人们无论尊卑都要到河边游玩。夏统刚刚买完了药，匆匆上船往回赶，急着回去照顾病中的母亲，他对身边人来人往的热闹场面看也不看，只顾埋头清理晾晒草药。当时有一位最显贵的朝官太尉贾充也来游玩，看到夏统的样子觉得奇怪。就把船靠过去同夏统聊了起来。闲聊中感到夏统学识渊博，不是凡夫俗子，心中喜爱，邀他坐下来谈话，问他一些学问上和时事上的问题，夏统有问必答，口若悬河，滔滔不绝。贾充更生爱才之心，便劝他出来做官，见夏统不感兴趣，便转换了个话题，问他能不能唱家乡的歌。夏统答道："伍子胥是古代有名的忠臣，他不避危难，指出吴王夫差贪色误国，却被昏庸的君王逼迫自尽，国人为他的忠烈之心所震撼，做过《小海唱》；大禹王到过我的家乡，死后还葬在稽山，他会聚万国，教化百姓，人民对他久久不忘，为感激这位贤王，做过《慕歌》；更为感人的是另一首歌，它讲的是一个叫曹娥的孝女年仅 14，父亲不幸落水而死，她万分悲痛，也投身江中，百姓为她的孝行所感动，做过《河女》之歌!这些歌才是真正的歌，现在我唱给大家听。"说完便引吭高歌，两岸游人受到感染，为他鼓掌叫好，夏统越唱越兴奋，就在船上脚踏船板做节拍，歌声显得更加清越高亢，慷慨激昂。听者越发被他的正气所感动，议论纷纷，说："听了《慕歌》仿佛看到了一心为民的大禹；听了《小海唱》好像屈原、伍子胥这样的爱国忠臣就在自己身边；听了《河女》不禁涕泪交流，古人的孝行太令人感动了。"此时贾充既为了答谢夏统，也为了炫耀自己，就命令展开旗帜、大作军乐。而对这一切夏统都无动于衷，只顾摆弄手中给母亲买的药，他以要服侍生病的母亲为由而谢绝贾充要他出山为官的要求。

夏统的孝心，不仅体现在他对长辈、对自己母亲的孝顺上，也体现在他对古代孝行的赞赏上，他孝字为先，但并不是不言国家大事。身为平民忧国忧民，把对家里母亲的孝同对国家的忠结合起来，体现了他光明磊落的气度和风范。

母慈子孝显真情

原典赏读

【原文】

父慈子孝，家之福也。

——《东周列国志》

【译文】

父亲慈祥，儿子孝顺，才是家庭的幸福。

慈风孝行

父慈子孝，是中国传统文化中理想的家庭氛围；敬老爱幼，是中华伦理道德亘古不变的规则。当今社会早已超出了“苟日新，日日新，又日新”的发展程度，我们每天都面对着新情况、新形势和新问题。但不管世界如何变化，总有一些经得起时间考验的道德准则，总有永远适用的检验个人品格和行为的试金石，总有道德和价值观念的定盘星。孝是维护社会秩序的行为纲纪，是中国道德文化的奠基石。中华民族上下几千年都受着这种道德约束的影响和控制。因此，孝是跨越时代、超越时空而存在的。孝是民族团结兴旺的精神基础，是维护和保证社会稳定和谐的道德基础，是几千年来维系和增强中华民族凝聚力的核心。长期形成的尊老敬老的传统烙在中国人的心坎上，不论在过去、现在还是将来都将继续发挥作用。今天，尽管我们已经进入信息时代，可以享受物质文明的巨大成果，但孝仍旧是我们的一个基本道德。

家风故事

母慈子孝显真情

20 世纪 60 年代，隆尧县东关大街西部，立有两个牌坊。牌坊一大一小，造型优美，雕刻精细，高大雄伟，远近闻名。大的是皇上为赵炳继祖母所建，小的是赵炳为其父源汇所建。20 世纪 60 年代被破坏，至今遗迹荡然无存。

牌坊虽然已经消失了，但它记载了一个真实感人的故事，传承了一段母慈子孝的佳话。

赵炳，明朝万历年间的进士，隆尧县（原隆平县）东关人。曾任山东朝邑县令，户部山东清吏司主事，河南提刑按察司佥事等职。他在朝邑为官六年，重农桑、兴水利、讲廉洁、倡节俭，兴利除弊，治理得政通人和，深受百姓拥戴。他在任清吏司主事期间，曾和父叔商议，写了一本《陈情疏》上奏万历皇帝，陈述其继祖母功德，请旨立坊表彰。《陈情疏》原文共有 705 个字，摘要如下：

户部山东清吏司主事，臣赵炳谨奏。臣系真定府隆平县人，祖父宸除选高唐州吏目，继娶臣祖母李氏无子，庶祖母王氏生臣父源汇、叔源深。臣祖父服官六月病故，王氏未几亦故。此时李氏年方二十八岁，所遗臣父九龄，臣叔八月。继祖母朝夕长号，死而复苏，志欲从夫，又念二子无依，恐绝祖续。于是誓死守节，口哺粥饵，一夜四五起。臣叔父越三岁始能自食。更值饥荒，纺织自给，树皮草籽聊以充口，艰难苦楚，保二孤以至成立，子孙繁衍至今。如无祖母功德，臣父叔必为弃孩，赵氏之续必至中绝，岂能有臣身与今日哉。臣父叔感恩祖母，痛心难抑，恳求圣恩特赐旌扬，伏乞敕下礼部转行本处巡按，覆讫敕建坊马。

从上文我们可以看出，赵炳的祖父、祖母去世以后，家里就像塌了天，继祖母李氏守着两个幼子哭得死去活来，整日以泪洗面，悲恸欲绝，愿赴黄泉随夫而去。但又想到两个幼子无依无靠，恐难保全，赵家就会断根绝后，对不住死去的丈夫，也对不住众位乡亲。思来想去决定要留下来，誓要顶起塌下来的天，挑起千斤重的担子。幼子不能自食，她就口含粥饭，一口一口地喂养，每夜要起来多次，两年多没睡过一宿囫囵觉。这样日复一日，月复一月，待幼子年过三岁，才不用喂养。一家三口相依为命，全靠李氏纺织度日，遇到灾年，就靠吃树皮、野菜、草籽活命。她咬紧牙，横下心，忍饥挨饿，含辛茹苦，终于把二子养育成人。

乌鸦尚有反哺义，羔羊跪乳把恩报。赵炳父叔长大后十分孝顺，善事继母，精心赡养。继母患病，哥俩日夜守候，请医煎药，关心照料，无微不至。赵炳做官后，饮水思源，知恩图报。当年如果没有继祖母的慈爱之心，保孤不弃，就不会有他们全家的今天。继祖母恩德如山，堪称典范，应该受到诰封。他和父叔商议，便写了《陈情疏》，恭维皇上以孝治天下，凡义夫贤妇孝子顺孙俱应旌表。皇上恩准其奏，敕命建坊旌扬。

牌坊皆为石制，大的高三丈余，上有三层，刻有透花，两面都刻有皇上的题词：一面是“保孤完节”，一面是“敕命旌扬”，这 8 个字，遒劲有力，浑然大方，据说是赵炳托人求当朝太傅、大书法家董其昌所书，后有模仿学书者众多。往东距 8 丈，那个较小的牌坊，是赵炳为报父恩所立的，上书“教子成名”四个大字。

赵炳孝敬祖母，也很孝敬父母，母亲 73 岁时患病，赵炳正在河南任职，得知母病后日夜思念，寝食不安，特奏疏请假回家，专心致志伺候母亲，酒肉不吃，宴请谢绝，做到了“亲有病，药先尝，昼夜侍，不离床”，受到了乡亲们的赞扬。他弟炜华年轻病故，留下两个孩子，他亲如己出，精心教养，保全了弟弟的遗孤。天启七年（1627 年），隆平县令上报省抚，批准赵炳为“乡贤”。

如今，牌坊之地已经高楼林立，赵炳也早已作古，湮没在历史的风尘中，然而这个母慈子孝的故事，却深深植入人们的心中，世世代代传诵。

有孝才能建和谐

原典赏读

【原文】

子曰：夫孝，始于事亲，中于事君，终于立身。

——《孝经·开宗明义章第一》

【译文】

孔子说：人的孝，初始境界是对自己的双亲孝顺，中间的境界是对自己的君主孝顺，最终境界是作为自己自立的根本。

慈风孝行

孝，就是晚辈对长辈敬重的一种美德，是人类文明进步的体现。对于生活在家庭中的人来说，孝主要体现于奉养父母上，这就是古代人们所说的孝的一般含义。

构建和谐社会，最要紧的是“和谐人伦”，人伦秩序不解决，好制度、好政策都会走样。以孝为本实施教育，可以感化冥顽，减少罪恶；可以感化人心，重建秩序。因此，在儒家看来，“齐家”和“治国”是一回事。有人曾问孔子：“你为什么不参与政治?”孔子回答：“尚书上说，孝顺父母，友爱兄弟，把这种风气影响到政治上去，这也就是参与政治。为什么一定要做官才算参与政治呢?”因此，我国的传统文化对人的要求十分强调“修身齐家治国平天下”。认为只有个人的品德修养好了，管好了家，做到父慈子孝，兄友弟恭，夫和妻顺，家庭和睦，才能担当“治国平天下”的社会重任。

孝可以使家庭和谐，孝可以使家庭温馨。亿万个家庭和谐、温馨了，整个社会也就变得和谐、温馨了。因此，光大孝道德，弘扬孝文化，也是社会安定、社会和谐的一个基础。

今天，社会现代化了，生活、工作节奏加快了，但无论世界怎样变化，家庭始终是社会的基本单位，是社会、国家的细胞。而孝文化也永远是维系家庭正常运转、化解压力的重要精神元素。

尊老爱幼，孝敬父母，不仅是一种责任，一种义务，更是我们中华民族的优良传统。它可以让家庭和睦温馨，使家庭更加稳定。而家庭是社会的细胞，家庭的稳定是社会稳定的基础，家庭和谐是社会和谐的前提。

因此，要构建和谐社会，我们就必须重视和弘扬中华民族孝老爱亲的传统美德，以实际行动关爱老人，从身边做起、从关爱家人做起，从而调动起全社会每个人“参与共建和谐社会”的积极性。

从某种意义上说，大到整个社会，小到一座城市、一个社区，但凡做到了全民孝老爱亲，那便是社会文明的亮点，社会文明的进步，同时也为“孝老爱亲”这个传统美德的传承贡献了力量。

家风故事

闵子骞的芦花衣

闵子骞，名损，字子骞，春秋末期鲁国（现鱼台县大闵村）人，孔子高徒，在孔门中以德行与颜回并称，为七十二贤人之一。

在《说苑》中记载着这样一段故事：

鲁国的冬天非常寒冷。

“父亲，您这次外出要一个多月，闵子骞不能照顾您，父亲要自己多注意保重身体才好。”

“我知道了，你在家里一定要听母亲的话，不可以违逆母亲。上次你母亲说你最近好像做事偷懒，拖拖拉拉，还找借口推脱。虽然她是你的后母，你也应该把她当成亲生母亲侍奉，不然，邻居们都要笑话的。”

闵子骞点点头，目送父亲的马车离开，转身看见隔壁邻居家的小伙伴。

“我刚才来找你，看到你在送伯父，就躲在巷子那边了。听你父亲说话，真是替你着急!”

“这就奇怪了，你替我着什么急呢?”

“我当然是为你抱不平了!肯定是你后母跟你父亲说你坏话了吧？事情根本不是你父亲说的那样。你那两个弟弟，因为是后母亲生的，总有好吃的好喝的，可是你都是吃弟弟剩下的。每天天不亮，你后母就吩咐你去干活，不管你多尽力，后母还是嫌你偷懒拖拉，动不动就打骂。还有，你后母总是在你父亲面前说你的坏话，你就应该跟你后母对着干，看她还怎么欺负你!”

闵子骞的脸上毫无委屈的神色，他说：“我母亲临去世的时候，让我照顾好父亲。现在后母虽然对我差些，但是对父亲，她还是尽心尽力的。只要父亲没有受委屈，我辛苦一点又算什么呢?”

不久，这个冬天的第一场大雪降临了，眼看到了一年当中最冷的时候。新年将至，父亲也快回来了，闵子骞侍奉后母、照顾弟弟比以往更加勤勉了。

又是一个清冷的早晨，很多人还在暖和的被窝中时，闵子骞就被后母使唤出去劈柴。后母对两个亲生儿子说：“快要过年了，你们都有新棉衣了。快看，我昨天晚上赶着做出来的，穿上试试，合不合适?”

两个孩子穿上温暖的新棉衣，高兴地在房间里蹦蹦跳跳，天真的小弟弟突然问母亲：“那哥哥有没有棉衣呢?”

母亲脸色一沉，指着床上的另外一件蓬松的衣服说：“当然有，那不就是么。”大弟弟拿起衣服翻来覆去地看了一阵，说：“母亲，哥哥的衣服比我们的还厚啊。”

“小孩子懂什么？我当然最疼你们了。你们的衣服里，都是暖和的棉花，而这件蓬松的衣服里是不保暖的芦花。出去不许告诉别人，别让人家笑话。去把你哥哥叫回来穿新衣服。今天你父亲回来，你们去接他。”

父亲在回家的路上看到久违的家人，十分高兴。他把两个小儿子抱在怀里，吩咐闵子骞驾车。闵子骞穿着芦花“棉衣”，冻得瑟瑟发抖。虽然他努力地想抓住缰绳，可还是掉落了几次，车子也因此左右乱晃，小弟弟吓得哭了起来。父亲非常生气，大声斥责闵子骞：“你是怎么赶的马车？穿得这么厚，难道还冷吗?”

闵子骞想控制住马匹，但因为芦花不保暖，一直在发抖的他再一次掉落了缰绳。父亲看到他冻得脸色煞白，嘴唇发青，摸了摸他身上的衣服，发现衣服虽然蓬松，但是很单薄。他撕开了闵子骞的“棉衣”，芦花飘了出来。父亲又撕开两个弟弟的衣服，里面都是厚厚的、暖和的棉花。父亲知道后母虐待闵子骞，勃然大怒。

一回到家，父亲就要把后母赶出家门。后母知道事情败露，惊惧不已，哭了起来。闵子骞立刻跪在父亲面前，恳切地说：“母亲虽然对闵子骞不好，但是却尽心尽力地侍奉父亲。母亲如果在家，两个孩子至少还都有母亲，只有我一个人受冻。可是如果母亲走了，家庭就要破裂，三个孩子都要挨冻受饿啊。请父亲三思!”

后母没想到，在这个时候闵子骞还会替自己求情，她羞愧难当，跪在丈夫面前，说从前自己做错了，从今以后，一定把闵子骞当作自己亲生孩子一样看待。看到后母改过的态度和闵子骞求情，父亲终于原谅了后母。后母从此果然对闵子骞就像是自己的孩子一样，一家人又和睦地生活在了一起。

虽然后母虐待闵子骞，父亲也曾误解闵子骞，但是闵子骞对父母毫无怨言，默默付出。他的一片至诚孝心，最终感动了后母，保全了一个即将破碎的家庭。

孝悌是为仁之本

原 典 赏 读

【原文】

有子曰：其为人也孝悌，而好犯上者，鲜矣；不好犯上，而好作乱者，未之有也。君子务本，本立而道生。孝悌也者，其为仁之本与!

——《论语·学而》

【译文】

有子说：一个人为人孝顺父母、敬爱兄长，却喜欢冒犯上级，这种人是很少的；不喜欢冒犯上级，却喜欢造反，这种人从来没有过。君子勉力从事于基础工作，基础树立了，道就会产生。孝顺父母，敬爱兄长，这就是仁的基础吧!

慈 风 孝 行

孝，就是孝顺、孝敬父母。

悌，古代亦作“弟”。“善事兄长之为悌”，就是要善于侍奉兄长，对兄长顺从、友爱。因此，悌中包含了谦逊恭顺的意思。引申开来，就是在家里要善于侍奉和尊重兄长，外出则要尊重长辈，恭敬礼待长者。

那么，什么是长者、长辈呢?

“举凡年长于我、分长于我、职长于我者，推之德行长于我、学问长于我，皆长也。”也就是说，只要是在年纪、辈分、职务、德行、学问等任一方面比我大或高的人都是我的长者，都是我的师长，就都是我应该尊重的人。所以，我们讲悌，就包括了敬重师长、学长、长辈的意思。推崇悌，实际上就是推崇德行、学问等。

今天，随着独生子女的日益普遍，亲属关系越来越简化，传统上寻常的兄弟亲缘将日渐消失。那么，讲“悌”就还要讲拥有“四海之内皆兄弟”的襟怀。天下人群，熙熙攘攘，要倡导这种宽广的兄弟情怀，倡导“海内存知己，天涯若比邻”的气度，倡导与人为善、与人善处的思想和追求。如果人人争做谦谦君子，以礼待人，那么“天下大同”就不会是一个空想，也不会是一个遥远的梦了。

家风故事

孟子提倡孝悌

孟轲，战国时思想家，他提倡孝悌。

在一个秋雨连绵的夜晚，孟子和学生们围坐在一起讨论孝悌和修养的关系问题，爱提问题的公孙卫首先提问：“老师，您为什么那么重视孝悌呢？”

孟子解答：“因为要实行尧舜的仁政，必须立足于孝悌。”

公孙卫接着问：“那么，什么是孝悌呢？”

孟子解释说：“孝顺父母为孝，尊敬兄长为悌。孝和悌是仁义的基础，只要每个人都爱自己的双亲，尊敬自己的兄长，天下就可以太平。”

孟子谴责不孝顺父母的人，他认为不孝有五项内容。

学生问他有哪五项内容时，孟子说：“世俗所谓不孝的事情有五件：四肢懒惰，不管父母的生活，一不孝；好下棋喝酒，不管父母生活，二不孝；好钱财，偏爱妻室儿女，不管父母生活，三不孝；放纵耳目的欲望，使父母因此受耻辱，四不孝；逞勇敢，好斗殴，危及父母，五不孝。”

孟子还认为，父母死后，应当厚葬久丧。孟子老母死了，他隆重地送葬，棺和椁都选用上等的木料，还专门派学生监督工匠制造棺椁。事后，他的学生也觉得选用的棺木太好了，便带着疑问对孟子说：“前几天，大家都很悲伤、忙碌，我不敢向您请教，所以今天才提出来。您看，用的棺木是不是太好了呢?”

孟子解释说：“对于棺椁的尺寸，上古时没有一定的规定。到了中古，才规定棺厚七寸，椁要与棺相称。从天子一直到老百姓，都这样做，才算尽了孝子之心。古人都能做到，我为什么不能这样做呢？我给你们讲孝悌时，不止一次地对你们说过：在任何情况下，都不应当在父母身上省钱啊！”

公元前325年，滕国的国君滕定公死了，太子(即滕文公)派然友去请教孟子怎样办丧事。孟子对然友说：“父母的丧事尽心竭力去办就是了。曾子说过，当父母在世时，应按照礼节去侍奉；他们去世了，应按照礼节去埋葬和祭礼，这就是尽孝。诸侯的丧礼，我虽然不曾研究过，但也听说过，就是实行三年的丧礼。从国王一直到老百姓，三年中，都要坚持穿孝服，夏、商、周三代都是这样办的。”

然友回到滕国，把孟子的话向太子汇报了，太子觉得孟子说得有道理，便决定实行三年的丧礼。但是，命令下达后，滕国的百姓和官吏都不愿意，有人说：“三年丧礼，连我们的宗国鲁国的历代国君都没有实行过，我们何必去实行呢?”

还有人说：“这样做，耗费太大了。”

当时议论纷纷，众说不一。

太子也觉得难办，又把然友找来，对他说：“我过去不曾搞过学问，只喜欢跑马舞剑。今天，我要实行三年之丧，百姓和官吏都不同意，恐怕这一丧礼我难以实行，请您再去替我问问孟子吧！”

然友受太子的委托，又匆忙坐上马车去请教孟子。孟子听了然友的介绍后，严肃地说：“唉，这么一件事，太子何必老问别人呢？孔子说过：‘国君死了，太子把一切政务交给相国，在孝子之位痛哭就是了。这样，大小官吏没有人敢不悲哀的，因为太子亲身带头的缘故啊！’国君的作风好比风，百姓的作风好比草，风向哪里吹，草自然向哪边倒。这件事，太子的态度一定要坚决。”太子听了然友的汇报后，坚定地说：“对，这应当取决于我。”

于是，太子在丧棚里住了五个月，不曾亲自颁布过任何命令和禁令，这样一来，官吏们和同宗族的人都很赞成，认为太子知礼。五个月过去了，到举行殡葬的那天，各国都派使者来吊丧，四面八方的人都来观礼，太子面容悲哀，哭泣哀痛，参加吊丧的人也都十分悲哀。

孟子宣扬的厚葬久丧，已没有人遵奉了，但他提倡的尊敬父母兄长，感激父母的养育之恩已成为美好的道德风尚。

礼仪之邦兴于孝

原典赏读

【原文】

小孝治家、中孝治企、大孝治国。

——中国俗语

【译文】

小孝能治家，中孝能治理企业，大孝能治理国家。

慈风孝行

中国是一个重视伦理道德的国家，儒家一贯提倡父慈子孝、兄友弟恭，甚至还扩展到政治领域，便是“忠”。历史上的统治者大多提倡以孝治国，他们认为，如果从君王开始推行孝，从文武百官到百姓都以孝为先，那么天下就会安定、和谐，这是治国之道，也是立国之根本。甚至有的皇帝谥号前总要加个“孝”字，如孝武帝等。

家风故事

触龙说太后

战国时期，赵太后新掌权，秦国便加紧对赵国的猛烈进攻。赵国不支，便向齐国求救，而齐国出兵的条件是必须以长安君作为人质。赵太后不同意，大臣极力劝谏无效。太后态度强硬，明确告诉左右："有再说让长安君做人质的，我老婆子一定朝他的脸上吐唾沫。"

左师触龙说希望谒见太后，已知触龙来意的赵太后怒容满面地等着他。触龙进来后缓步走向太后，到了跟前便请罪说："老臣脚有疾病，已经丧失了快跑的能力，好久没能来谒见太后了，虽然私下里原谅自己，可还是怕太后玉体偶有欠安，所以很想来看看太后。"

太后说："我老婆子行动全靠手推车。"

触龙说："那每天的饮食该不会减少吧？"

太后说："就靠喝点粥罢了。"

触龙说："老臣现在胃口也很不好，所以自己坚持步行，每天走三四里，这样稍微能增进一点食欲，对身体也能有所调剂。"

太后说："我老婆子可做不到。"聊到这里，太后的脸色稍微缓和些了。

触龙说："老臣的劣子舒祺，年纪最小，不成才。臣老了，偏偏最爱怜他。希望能派他到侍卫队里凑个数，来保卫王宫，因此冒死向您禀告这件事情。"

太后说："一定答应，他年纪多大了？"

触龙回答说："15 岁了。虽然还小，希望在老臣没死的时候先托付给太后。"

太后问："做父亲的也爱怜他的小儿子吗？"

触龙回答说："比做母亲的更爱。"

太后笑道："妇道人家特别喜爱小儿子。"

回答说："老臣个人的看法，老太后爱女儿燕后，要胜过长安君。"

太后说："您错了，比不上对长安君。"

触龙说："父母爱子女，就要为他们考虑得深远一点。老太后送燕后出嫁的时候，抱着她的脚为她哭泣，是想到她要远去，也是够伤心的了。送走以后，并不是不想念她，每逢祭祀一定为她祈祷，祈祷说：'一定别让她回来啊！'难道不是从长远考虑，希望她有了子孙可以代代相继在燕国为王吗？"

太后说："是这样。"

触龙说："从现在往上数三世，到赵氏建立赵国的时候，赵国君主的子孙凡被封侯的，他们的后代还有能继承爵位的吗？"

太后回答说："没有。"

触龙继而说道："不只是赵国，其他诸侯国的子孙有吗？"

太后说："我老婆子没听说过。"

触龙说："这是他们近的灾祸及于自身，远的及于他们的子孙。难道是君王的子孙就一定不好吗？地位高人一等却没什么功绩，俸禄特别优厚却未曾有所操劳，而金玉珠宝却拥有很多。现在老太后给长安君以高位，把富裕肥沃的地方封给他，又赐予他大量珍宝，却不曾想到让他对国家做出贡献。有朝一日太后百年了，长安君在赵国凭什么使自己安身立足呢？老臣认为老太后为长安君考虑得太短浅了，所以我以为你爱他不如爱燕后。"

此时太后终于改变主意了，说："行啊。任凭你派遣他到任何地方去。"于是为长安君套马备车一百乘，到齐国去做人质。

触龙没有一见面就直接劝谏赵太后，而是从家常开始，继而说到子女，所以很自然地就谈到长安君。谈到长安君，触龙也是从赵太后的立场来为长安君打算，言辞温和而平常，这样的劝谏当然就更容易被赵太后接受了。

触龙说赵太后，虽然主要表现了触龙的说话技巧，但从另一方面看，也论述了帝王之孝与普通人之孝的不同。普通人的孝要求"父母在，不远游"，然而长安君只有到齐国做人质，为赵国做贡献，才可以算是行仁政、孝父母，作为母亲的赵太后，只有这样做，才是真正的爱。

孝是美德的基础

原典赏读

【原文】

孝者，德之本也。

——《孝经》

【译文】

孝敬父母是一切道德的根本。

慈风孝行

孝，是中华民族的传统美德。百善孝为先，这是历史上的佳话。要做一个好人，一个善良的人，一个成功的人，首先就要做到孝。失去了孝，就好比人失去了心脏，只有一具躯壳立于世上，已失去了生命的价值，更何谈顶天立地、闯出一番天地。

一个人如果连自己的父母都不敬不爱，还能期望他去爱社会上其他的人，去为社会奉献自己吗？过去说"忠臣出于孝佛之家"，并非没有道理。

《论语》教导人们孝敬父母，一方面，是为了让人们报答父母的养育之恩，另一方面，也是为了培养人们的这种诚意，真心地尊敬每一个人，用心地对待每一件事情。一个人从小就生活在家庭里，从出生开始，父母就怀抱着，哺育着，儿女对父母的感恩之情是最深的。如果一个人连父母都不能从心底里感恩，发自肺腑地尊敬，那么还能谈别的事情吗？

家风故事

孝子坟的故事

在叶榭镇西南张垦村内，有一个不大不小的坟墩，被称为“孝子坟”。坟西边竖块石牌，上刻“芦墓芳踪”，为松江府知事黄某所题；东边也有块石牌，有“天下之民学其样也”的题词，为明神宗所题，小小一个坟，为何劳驾皇上呢？

相传很久以前，坟墩西祝家港东有个东西向的小港，叫西竺港。西竺港有四只浜斗，浜里长满了荷花。每年夏季，荷花吐艳，景色美丽。在荷花池中间，有一座小庵。小庵东有座三开间房子，住着一对勤劳善良的俞氏夫妇。俞氏夫妇婚后膝下一直无子女，直到第二十个年头，俞氏怀了孕。谁知一怀就是三年，才生下一个大头大耳的孩子。俞氏夫妇请了邻村的秀才给孩子起了个吉利的名字叫“肇初”。

肇初 10 岁时，父母已过 50 岁了，他们看到别人家想方设法弄钱叫儿子读书，于是也想请位先生。肇初体谅家境贫穷，硬是不肯，辛勤耕作，孝敬父母，乡间广传美名。

肇初 25 岁那年，他的母亲病倒了。为了给母亲治病，他把一间房子也卖了。但雪上加霜，母亲病没好转，而父亲又病倒了。肇初只好变卖家产。

他白天加倍下田耕耘，夜里还要服侍双亲、编制筐箩。从替父母捧茶喂饭、擦澡换衣到煎汤喂药，到揩痰倒屎，照料得十分精细。

母亲先去世，不出头七，肇初的父亲也去世了。他在坟旁搭了个草棚，白天外出耕作，夜里陪伴双亲阴魂。就这样，他不婚不娶，孑身一人守墓守了 50 个春秋。双亲坟前，香烟不断，杂草不生。每逢祭奠时节，肇初号啕大哭，像双亲刚去世一样，直到年老仍不肯迁出。乡亲们很受感动，呼吁朝廷旌表。

后来，肇初也去世了。村上人就在盛家浜边上把他与双亲葬在一起。下葬那天，已值初秋，浜斗里一夜之际开满了荷花，有75朵，没有一张绿叶相托。为什么呢？这位孝子正好75岁，没有后代。从此，浜里荷花只长荷叶，再也不开荷花了。

隔了几年，事情传到了松江府内，又慢慢传到了京城，明神宗派差人来察访后，题了这八个字。两块石碑到20世纪60年代才被废，而孝子坟的传说一直流传至今。

罪条三千，不孝最大

原典赏读

【原文】

五刑之属三千，而罪莫大于不孝。

——《孝经·五刑》

【译文】

五刑的条文，约有三千之多，罪之大者，莫过于不孝。

慈风孝行

在五刑之中，除了大辟是死刑之外，墨、劓、剕、宫都属于肉刑。墨是在人的身体上刺字，一般情况下都刺在脸颊或者额头上；劓是把人的鼻子割掉；剕是挖掉膝盖骨或者砍掉小腿；宫是把人的生殖器官割掉。这四种刑罚都属于残损肢体的肉刑，应该说是对人一种严重的侮辱，所以过去的许多儒家人物，都非常珍惜自己的身体，他们首先要保证自己的身体不受如此的侮辱。

我们不难看出，在任何一个朝代，都把不孝作为一种不能得到宽恕和赦免的重罪。所以孝行一直受到儒家的高度重视，同样，不孝的行为就要受到最严厉的处罚。

在《史记·淮南衡山列传》里有这样一段记载：汉代衡山王刘赐，他的长子叫做刘爽，他“坐王告不孝，弃市”。什么意思呢？就是说他的父亲告发他不孝，最后他被国家处以弃市的刑罚。弃市是死刑中的一种，也就是把他杀掉以后，暴尸街头，不许收尸，这在当时是严重的处罚。我们知道衡山王刘赐，在当时是因为谋反而自尽的，刘赐谋反行为的败露，和他的儿子刘爽派人到朝廷里自曝家丑有直接的关联，所以在一定意义上来说，刘爽的做法是对国家有利的，是对朝廷有所贡献的。尽管如此，朝廷还是以不孝的罪名在闹市中对他执行了死刑，而且不许收尸，就因为他的父亲在谋反行为还没有败露之前，曾经向朝廷告发过他不孝，要求国家给予处罚。

通过这个例子我们可以看到，即使是事关社稷安危的大事，也是没法和不孝这样的罪名相比的。所以孝与不孝在这个时候是评判一个人是非的最重要的标准。这就是儒家思想的一个基本判断。《孝经》作为六经总会，它明确表明，在各种各样的罪行中，不孝是最严重的一种罪行。

家风故事

孙思邈学医孝双亲

孙思邈是我国古代著名医学家。可是有谁知道，他学医的最初动力，是来自对父母的孝心。

原来，孙思邈的父亲患有雀目病(夜盲症)，母亲患粗脖子病，这给他们二人带来许多痛苦和不便。年少的思邈看在眼里，内心十分焦急。

一天，父亲边做木工活边问思邈：“你长大后想要做什么？”他毫不犹豫地回答说：“我长大后一定要做个医生，治好您和妈妈的病。”父亲听了思邈这话，十分感动，他沉思片刻说：“好孩子，你要想当医生，就不能像爸爸这样，斗大的字认识不了几个。咱家虽说很穷，但我就是累弯了腰，也要供你念书。明天你就上学去!”于是，小思邈在村西的一孔土窟洞里开始了他的读书生涯。

孙思邈12岁时，父亲带他到药农七伯家做学徒。孙思邈见七伯家院内到处是草药，心中大喜，想道：“这下父母的病可有治了!”就拜七伯为师。过了一段时间，孙思邈发现，七伯是个大老粗，只是懂得一些药性，会用一些土方治病，而不懂医理。七伯也看出孙思邈是个聪明、有抱负的孩子，自己不能耽误人家的前程，就诚恳地对孙思邈讲：“从这儿往北四十里，是铜官县（今陕西铜川）。我舅舅是那儿有名的医生，这本《黄帝内经》就是他送给我的，我读不懂，你拿回去用心读读，等长大些去找我舅舅学医吧!”

于是，孙思邈一面钻研《黄帝内经》，一面熟悉药性，但他始终没忘要治好父母的病，有一天他不辞辛苦，来到铜官县，找到那位名医，可这位医生也治不了雀目病和粗脖子病，思邈很失望，但他还是跟这位医生学习了一年多，然后回乡为乡亲们行医治病。

一次，他为一个远道而来的病人治好了痼疾，病人感激地说：“没想到孙先生年纪不大，医术却这样超群，真是复生的扁鹊、再世的华佗啊!”思邈听了忙推辞说：“哪里，哪里！我连父母的雀目病和粗脖子病都治不了，怎么敢跟古代的名医相比呢!”病人见他时刻把父母的病痛挂在心上，大受感动，想了想说：“我家住秦岭，那里患粗脖子病的人很多，我表妹就得了这种病，后来被秦岭之巅——太白山上的一位先生治好了!”思邈听了，欣喜若狂，忙问：“这位先生叫什么名字?”病人答道：“他叫陈元，好像是江南人。”

孙思邈一心想治好父母的病，第二天就动身前往太白山。四百里的路程，交通不便，但他以惊人的毅力战胜了旅途上的重重困难，终于来到了美丽的太白山下，几经周折，找到了陈元。从陈元那学到了治疗粗脖子病的祖传秘法。可是，父亲的雀目病仍是个久攻不下的难题。于是，思邈就在太白山住下来，一边采药行医，一边继续寻找治雀目病的方法。

凭着长期看病积累下来的经验，孙思邈发现患雀目病的多是穷人，富人很少得这种病。他想：看来穷人一定是缺少某种东西才得这种病的。如果让穷人也吃上富人吃的东西，说不定就能治好雀目病。于是他就叫一位病人接连吃了几斤猪肉，可病仍不见好。他翻药书看到“肝开窍于目”的话，就给患者买了几斤牛羊肝吃，几天后，病人的病大有好转，后来竟慢慢痊愈了。

孙思邈受到启发，进一步找到了用羊靥治粗脖子病的办法，同时还发现这种病同长期喝一种水有关。回到家后，孙思邈就用自己学到的方法给父母治病，同时也治好了不少有这种病的乡亲。

孝，可以激励一个人奋发图强，成就大业，因为它是一种发自内心的真情。古今有无数成功者，都从孝中汲取了人生的力量和勇气！

爱人敬亲孝为民

原典赏读

【原文】

子曰：故不爱其亲而爱他人者，谓之悖德；不敬其亲而敬他人者，谓之悖礼。以顺则逆，民无则焉。不在于善，而皆在于凶德，虽得之，君子不贵也。君子则不然，言思可道，行思可乐，德义可尊，做事可法，容止可观，进退可度，以临其民。是以其民畏而爱之，则而像之。

——《孝经·圣治章第九》

【译文】

孔子说：那种不爱敬自己的父母却去爱敬别人的行为，叫作违背道德；不尊敬自己的父母而尊敬别人的行为，叫作违背礼法。不是顺应人心天理地爱敬父母，偏偏要逆天理而行，人民就无从效法了。不在身行爱敬的善道上下工夫，相反凭借违背道德礼法的恶道施为，虽然能一时得志，也是为君子所鄙视的。君子的作为则不是这样，其言谈，必须考虑到要让人们所称道奉行；其作为，必须想到可以给人们带来欢乐；其立德行义，能使人民为之尊敬；其行为举止，可使人民予以效法；其容貌行止，皆合规矩，使人们无可挑剔；其一进一退，不越礼违法，才能成为人民的楷模。

慈风孝行

一个人对父母能够尽孝、能够爱敬，他才能够对祖国尽忠，能够爱敬人民。如果对父母不能尽爱敬之道，他在官场上任职，可能表现得尽忠职守，实际上不一定是忠心，他努力工作的目的也未必是全心全意为人民服务，有可能为了自己涨工资，为了自己的仕途，因为他对家里的父母都没有爱敬之心，就是心不真诚，又怎么可能对国家、对领导真正忠诚？所以要培养忠臣，必须要培养孝子，这个使命是在家庭里完成的，而学校教育和社会教育是家庭教育的辅助和延伸。因此，社会媒体的舆论导向就很重要，应该大力地宣扬伦理道德，营造一个道德教育的良好社会环境，让每一个家庭都能够培养出孝子，培养出能够尽孝、尽悌，能够居家理的人才，这才是为社会、为国家培养真正的人才！

家风故事

伪造家书苦用心

我们都知道谭嗣同是维新变法的先驱，但他伪造家书救父脱困的事却鲜为人知，这里讲的就是这个真实的故事。

谭嗣同少年时代多遇不幸。12 岁那年，他的生母、哥哥、姐姐都死于瘟疫。母亲在临终的时候，拉着他的手说：“同儿，我将要离开人世，丢下你和你父亲我真是放心不下，今后你要用双倍的孝心对待你父亲。你父亲性子急、脾气倔强，你要多顺从他。”谭嗣同哭着点点头。真是祸不单行，生母死后不久，无情的瘟疫又使谭嗣同病倒了，他一连烧了三天三夜，人事不省。他父亲日夜守护着他，到处求医讨药，奇迹出现了，谭嗣同终于又活过来了。父亲很高兴，给他起了个名号“复生”。

谭嗣同和父亲相依为命，艰难地生活着，他时时不忘母命，孝敬父亲，和父亲的感情也越来越深了。

后来，父亲娶妻续室，父子间往日亲密无间的关系逐渐冷淡下来。他考虑了很久，觉得自己该去外面游历，开阔视野，增长见识。于是，一天夜里他走进父亲的书房说：“儿已长大，可否允许我外出游历？”

父亲放下手里的书，瞅着他刚毅的眼睛讲道：“我正想和你谈谈，最近我们之间的交流太少了，你是顾及继母怕我们父子失和，对吗？”

“不全是，孩儿只是想锤炼一下自己的意志，去看一看外面的世界。”谭嗣同把自己的想法和父亲详细地说了，这一夜，书房的灯彻夜未熄，他们父子又恢复了往日的深情。

父亲终于同意了他的想法，从此，谭嗣同开始离家远游。十年来，他走遍了大江南北，亲眼目睹了国家的支离破碎。黄河两岸到处可见逃难的人群，他们衣裳褴褛，面黄肌瘦，脸上布满愁云惨雾……这一切深深刺痛了谭嗣同的心。一天深夜，他披衣绕屋行走，忧愤满怀，挥笔写下了一首诗：“世间万物抵春愁，合向苍冥一哭休。四万万人齐下泪，天涯何处是神州！”

谭嗣同和一些变法维新人士帮助光绪帝推行变法，功败垂成。戊戌变法后，清政府大肆搜捕维新志士。谭嗣同自然也难逃劫难，他的好朋友大刀王五等多次劝他逃走，但他已抱定为维新而死的决心，他说：“不有行者，谁图将来；不有死者，谁鼓士气！”拒绝逃走。

当时，清朝政府仍然厉行“一人犯法，累及家族”的株连法，所以谭嗣同的家人也被逮捕了。此时，谭嗣同的父亲已经70多岁了，谭嗣同身处危难之际，惦念老父，他不忍心牵连父亲，但是用什么办法才能使老父脱困呢？他冥思苦想了很久，终于有了一条妙计。

谭嗣同终于被捕了，这一天古老的北京城乌云密布、风沙弥漫，眼看一场秋雨将至，地上的枯叶随风飞舞，路上行人稀少，到处可见清兵横冲直撞。京城一条街巷里的浏阳会馆外，十多个清廷捕快满脸杀气，手提大刀来回巡逻，严加防范周围群众走近会馆。会馆内的“莽苍苍斋”——谭嗣同的住所被几个官兵翻腾得凌乱不堪，地上到处是纸片，有人在翻看着，希望从中发现有价值的东西好拿回去邀功请赏。这时忽然听见一个人喊道：“有了。”只见他手里举着一个信封，原来这是在靠墙的台案抽屉中发现的。几个人慌忙凑上前去，抽出两张信纸，只见信上写道：“你大逆不道，又屡违父训，妄言维新，狂行变法，有悖国法家规，故而断绝父子情缘。倘若予以不信，愿此信作为凭证，尔后逆子伏法量刑，皆与吾无关……”家书的末尾落款是谭继洵。由于这封家书，谭嗣同的父亲没被治罪。原来，谭嗣同仿拟父亲的笔迹写成了这封断情书，救了父亲，这就是他苦想的妙计。

谭嗣同身处危难，不忘母亲重托，伪造家书庇父，保全白发老父晚年平安，以遂“子事父”的心愿，这是一种人之常情，也表现出一位革命者为正义而奋不顾身的精神。

孝悌之至，通于神明

原典赏读

【原文】

子曰：昔者明王事父孝，故事天明，事母孝，故事地察，长幼顺，故上下治。天地明察，神明彰矣。

——《孝经·感应》

【译文】

孔子说：从前，贤明的君王侍奉父亲很孝顺，所以也能虔敬地奉祀天帝，而天帝也能明了他的孝敬之心；侍奉母亲很孝顺，所以也能虔敬地奉祀地神，而地神也能洞察他的孝敬之心；处理好长幼秩序，所以上下都能够治理好。天地之神明察天子的孝行，就会彰显神灵、降临福瑞。

慈风孝行

对父母尽孝，也就是为自己留后路。但有人总是以忙或生活困难为借口，忽略或忘记了自己的父母。天下人子，尽孝的方式大相径庭，但孝心却一样。有人大而化之，有人细致入微。古人曾经制定了孝顺的标准，例如《二十四孝》中规定了二十四种尽孝的方式。《孝经》提出了五条要求：“居则致其敬，养则致其乐，病则致其忧，丧则致其哀，祭则致其严。”我国台湾著名社会心理学家杨国枢先生提出了孝顺的十五种内涵：“一、敬爱双亲；二、顺从双亲；三、谏亲以理；四、事亲以礼；五、继承父业；六、显扬亲名；七、思慕亲情；八、娱亲以道；九、使亲无忧；十、随侍在侧；十一、奉养双亲；十二、爱护自己；十三、为亲留后；十四、葬之以礼；十五、祀之以礼。”

随着时代进步、科技发展，尽孝方式也应该与时俱进。孝心不是一处豪宅，而是几尺地方；孝心不是时时刻刻的留守，而是经常的电话和问候；孝心不是数以万计的金钱，而是足以果腹的一日三餐。总之，孝是一种心意，是一种尊重。

只有人人敬孝，尊老爱幼，才会有家庭几世同堂，尽享天伦，其乐融融，其情悠悠；才会有举案齐眉，政通人和，竭忠尽智，事业兴旺；最后才会有互尊互爱、相敬如宾、国泰民安的社会和谐。

家风故事

以德报怨事双亲

上古时候，有个瞎眼的人叫瞽叟。有天晚上他忽然做了个奇怪的梦，梦见一只凤凰，嘴里含了米喂他。凤凰告诉瞽叟，自己是来给他做儿子的。瞽叟醒来后，觉得很奇怪。后来他妻子果然生下了个儿子，取名叫舜。

舜生下不久，他的母亲就去世了。瞽叟又另外娶了一个妻子，生了个儿子，名叫象。

舜生长在妫水，他中等身材，黑黝黝的皮肤，长相和一般人没什么两样儿。但他的两只眼睛长得很奇特，每只眼睛里有两个瞳孔，就像传说中凤凰的眼睛。

舜从小失去了亲妈妈，瞎眼的爸爸是个脑子糊涂、不讲道理的人。他只宠爱后妻和后妻生的儿子象，却把前妻生的儿子舜当作了眼中钉。后妈呢，也是个心眼儿小、性格凶悍的人。弟弟象的性格和后妈差不多，非常粗野和骄傲，对哥哥没有一点儿爱心。可怜的舜生活在这种家庭里，命运真是悲惨极了。他经常遭到父母的毒打，如果打下来的是小棍子，他就含着眼泪一声不吭地挨着；如果是实在吃不消的大棍子，他就只好逃到荒野里去对着苍天号啕大哭，哭喊着他早早死去的亲妈妈……善良淳朴的舜对弟弟很好，虽然象又顽劣又凶狠，可舜还是想尽办法把他照顾得很周到，以取得后妈的欢心，让自己少受点虐待。

即使这样，心肠歹毒的后妈还是想把舜杀死才心满意足。舜实在在家待不下去了，只好搬了出去，在历山脚下盖了间茅草房，一个人住了下来。他常常看见布谷鸟带着孩子们在天空中快乐地飞翔，母鸟衔了食在树上哺养小鸟，一片亲爱和睦的景象。想到自己是一个孤儿，又受到后母的虐待，舜不禁伤心地哭起来。

舜虽然很伤心，却没有对爸爸、妈妈和弟弟怀恨在心，仍然经常回家去看望他们，带很多吃的东西给他们。他的孝心和友爱感动了上天，于是上天派来大象帮舜耕地，派来小鸟帮舜播种，乡邻间传扬着舜孝敬父母的美名。

当时的天子尧正在寻访天下的贤人，准备把天子的位置交给他。听说舜又孝顺又有才干，尧就把女儿娥皇和女英嫁给了他，还让自己的几个儿子和舜一起生活，看舜是不是真像传说的那么有才干。同时，尧送了好多东西给舜。原来只是一个普通农民的舜，转眼间就富贵起来了。

瞽叟一家人看见舜大富大贵，都嫉妒得咬牙切齿。可舜并不像他们那样记仇，他带着新婚的妻子回家和爸爸、妈妈、弟弟住在一起，还送给他们礼物，尽量让他们高兴。他对待他们，还是像从前一样地孝顺和友爱，并不因为自己富贵了就骄傲起来。舜的妻子也一点儿不摆架子，每天操持家务，侍奉公婆，大家都夸赞她们是好媳妇。

舜的行为并没有感动自私的象，象反而更变本加厉了。他看到两个嫂子长得花容月貌，就垂涎三尺，时常想害死哥哥好把嫂子占为己有。因为按照当时的风俗习惯，哥哥死了，弟弟可以占有他的财产和妻子。阴险恶毒的象，就和爹妈一起设了个圈套，想把舜害死。

他们鬼鬼祟祟地商量了一夜。第二天，象就去找舜，说：“哥，爹叫你去帮他修一修谷仓。早点儿来啊！”

“哦，知道了，我马上就来。”舜正在门前堆麦垛，听到爸爸叫他去干活，很高兴。

正准备去的时候，娥皇和女英从屋子里走出来，问舜什么事，舜告诉了她们。

“你可不能去呀，他们要害你呢。”

“不去怎么行呢？爹叫做的事，哪能不做呀！”

娥皇和女英想了想，说：“不要紧，去吧，我们给你穿件新衣服就不怕了。”

这两个姑娘不知道从哪儿学来的本领，既能预见即将发生的事，又有神奇的魔法。她们给了舜一件五彩斑斓、织着鸟形花纹的衣服让他穿上，舜穿了新衣服就去帮父亲修谷仓了。

瞽叟一家看到舜穿着一身花衣服前来送死，心里暗暗好笑，表面上却假装殷勤。等舜上了房顶，他们就抽走梯子，在谷仓下面放起火来。他们一边放火一边哈哈大笑，庆幸自己的阴谋即将得逞。

熊熊的烈火已经在谷仓四周燃烧起来，舜在房顶上下不来，急得满头大汗。他没想到爸爸、妈妈和弟弟真的想害死他。舜悲愤地张开手臂，向着苍天大喊：“天哪！……”

他这一喊，奇怪的事情发生了。只见那件五彩衣金光一闪，舜立刻变成五彩的大鸟飞出了大火，向着天空飞去。象的阴谋失败了。

可是象还是不甘心，他又设下了另一个圈套。这一次是瞽叟亲自出马，他坐在舜的门前，厚着脸皮说：“儿呀，上次的事我们做得太糊涂了，请你一定原谅。”

舜一点儿也没生他父亲的气，反而和颜悦色地安慰父亲：“爹，我没记恨你们，你就放心吧。以后有什么事儿，你还可以来找我。”

“现在爹又要麻烦你去帮忙淘一下井。你可一定要来呀，千万别让爹多心哪。”

“爹放心，我明天一定来。”舜顺从地说。

这一天，舜带着工具去帮瞽叟淘井。为了预防万一，舜事先就把那件神奇的花衣裳穿在旧衣服里面。瞽叟一家一看舜没穿那件衣服，都暗暗庆幸，以为舜这次是必死无疑了。

舜被绳子吊下了井，哪知道刚到井底，绳子就被割断了。紧接着，一堆石头、泥块从上面倾倒下来，眼看就要把舜埋没了。

舜十分着急，可是一点儿办法也没有。突然，他想起了自己的五彩衣，就脱下外面的旧衣服，一下子变成了一条披着鳞甲的银光闪闪的蛟龙，钻到地底下的黄泉里，从另外一眼井口钻了出来。

瞽叟一家人填满了井，在井上用脚蹬着、踩着，高兴得不得了。娥皇和女英以为舜真死了，都难过地跑回屋子痛哭起来。邻居们知道了这件事，也都叹息舜悲惨的命运，纷纷责骂瞽叟一家人的凶狠残暴。可是，象一点儿也不在乎。

象把家里搞得像过节一样热闹，还吵吵闹闹着准备去抢夺舜的财产和妻子。这时候，舜忽然像平常一样神态自若地从外面走了进来。大家都被这突如其来的事吓了一大跳，娥皇和女英扑到舜的怀里又是哭又是笑。

当断定了舜是人不是鬼以后，象不好意思地说："哥，我正想念你呢，你就回来了。"

舜说："是啊，我知道你正想念我呢。"

天性淳朴厚道的舜，虽然经过了这两次变故，但对待爸爸、妈妈和弟弟还是像从前一样地孝顺友爱。

从女儿和儿子们的口中，尧得知了舜确实像大家说的那样又孝顺又有才干，就把天子的位置传给了他。

舜做了君主以后，仍旧坐了马车，打了天子的旗号，回家乡去见他的父亲瞽叟和后妈；也还是和从前一样恭敬和孝顺，一点儿也不摆天子的架子。

他父亲到这个时候才明白舜真是一个好儿子，以前都是自己老糊涂了，才犯下那么多罪孽，还差点儿把儿子害死。他又看到舜根本没有埋怨，还像从前那样对他好，感动得老泪纵横，就真心诚意地改正过错，同儿子和解了。

舜拜见了他的父亲以后，又封桀骜不驯的象到有鼻那个地方去当诸侯。象受封以后，觉得哥哥真是仁爱宽大，对过去的事不但不记恨，还以德报怨，心灵上受到了很大的震动。从此以后，象渐渐地改掉了那些恶劣的习性，成了一个有用的好人。

第二章

正家风：父慈子孝成美名

孝敬父母，是中华民族自古以来的传统美德。孝敬绝不是简单地回报父母的养育之恩，更是一种责任意识、自立意识的体现。父母为了我们时刻操劳，他们对我们的教育、爱护又让我们有什么理由不去爱他们，不去尊重、孝敬他们？一个不懂得体谅父母的人是可耻的，一个不会爱父母的人是可悲的，这样的人是不会、也不应该赢得社会的尊敬。

唯有行孝不能等

原典赏读

【原文】

树欲静而风不止，子欲养而亲不待。

——《孔子·集语》

【译文】

树想要静下来，风却不停地刮着；当子女想要去赡养自己的父母的时候，父母已经等不及离我们而去了。

慈风孝行

春秋时，孔子和弟子们出去游玩，忽然听到路边有人在啼哭，就上前去看怎么回事。啼哭的人叫皋鱼，他解释了自己啼哭的原因："我年轻时好学上进，为了求学曾经游历各国，等我回来时父母却已经双双故去。作为儿子，当初父母需要侍奉的时候我却不在身边，这好像树想要静下来，风却不停地刮着；如今我想要侍奉父母，父母却已经不在了。父母虽然已经亡故，但他们的恩情难忘，想到这些，内心悲痛，所以痛哭。"

孝顺父母，现在就去做，不要等父母都不在了而空留遗憾。父母照顾孩子尽心竭力，他们的青春就这样逝去了，青丝变成了白发，我们在年少时却不能完全理解父母的爱。等自己也为人父母，理解了父母的苦心时，父母已经牙齿稀疏、目光浑浊，没有精力感受我们的爱了。所以，孝敬父母要及早，不要等父母都不在了才想起要孝顺，那就为时已晚，只能空留遗憾了。

家风故事

朱寿昌同州认母

宋朝时，出了一个叫朱寿昌的大孝子，远近闻名。因为人正直、善于处世，因此他做官时，颇受百姓的爱戴，他从政的主要事迹是发展地方经济，整顿社会治安。但他流传后世为人们所津津乐道的并不仅仅在于他为官贤达，更在于他以孝为立身之本，极尽孝道，尤其是他同州认母这段往事更为人们所折服。这事还要从头说起。

朱寿昌的生母为刘氏，嫁到朱家为妾，朱寿昌的父亲此时在秦地做官。刘氏到朱家后不久，就怀上了孩子，这孩子就是朱寿昌，由于当时的社会环境及在朱家当妾的地位，刘氏并没有什么权利和幸福可言，有孕在身不久就被赶出了朱家。生下朱寿昌后也没被朱家召回。小寿昌从降生就同母亲一起到处流浪，在人们的冷眼和鄙夷中他渐渐长大了。在他 8 岁那年朱家人决定要回寿昌。对于寿昌来说，有了自己的家当然是一大幸事，但同时也带来了另一种不幸。因为朱家只要自己的亲骨肉而不是连刘氏也一并召回，这样，寿昌与母亲一别就没有机会再见面。在朱家的深宅大院中，寿昌时时思念母亲，时时想起和母亲在一起度过的贫寒而快乐的日子，他下决心要和生母团聚。但在家法森严的封建大家庭里想出来寻找母亲那是比登天还难。日复一日，年复一年，寿昌与母亲天各一方，音讯全无竟长达 50 年。

50 年在历史长河中不过是匆匆一瞬，但对一个人来说，却是大半辈子的光阴。尤其是朱寿昌这样的孝子，对生他养他的亲娘的那份思念之情是在任何情况下都割舍不下，丢弃不开的，他无时无刻不在想着和母亲团聚，叙离愁。从他长大成人后，就开始四处打听母亲的消息和下落。随着年龄的增长，他思念母亲、怀念母亲的心情也越来越强烈，寝不安，食无味，一提起母亲就不免伤心落泪。在凄惶的日子里企盼着和自己的母亲重逢，在梦境中重温与母亲在一起的日日夜夜。因他为官清廉，颇有政绩，后来调到一个叫南地的地方为官。到了南地后，他几天几夜思考着一件事，终于下定决心要寻母事亲，毅然决定辞官不做，外出寻母。家人感叹他一片孝心，也知挽留不住，更知他寻母之情日甚一日，便挥泪与他告别。临行前他发誓说：“此行找不到母亲，今生今世我也不会再回来了。”揣着这样一颗孝心，他开始长途跋涉，走到哪问到哪，哪怕有母亲刘氏的一点音讯，他都不放过，就这样，走了一程又一程，问了一路又一路，历尽艰辛，吃尽苦难，最后终于在同州这个地方找到了亲生母亲。母子相见时，千言万语都在流淌的眼泪中，刘氏做梦也没想到有生之年还会见到分别了50年之久的儿子。离开爱子时，自己风华正茂，如今已是70余岁的白发老妪了。原来，刘氏离开儿子后就改嫁党家，又生了几个儿女。朱寿昌看到母亲健在，又一一拜见了几个同母异父的弟、妹，便将母亲一家全都接到了自己的住所。50余年寻母不辍，终于母子相见，朱寿昌的孝心孝行一时被传为佳话，也引起了很大的轰动。当时许多大名士，包括著名的王安石、苏轼、苏颂等人都感叹他的行为，纷纷写诗作文称赞他。

朱寿昌将母亲接回自己的家后，便一心侍奉老母，为了照顾老母，他向朝廷请求到河中府做官，得到了批准。

70多岁的刘氏在当时已是高龄老人，但在儿子的精心侍奉下又享了几年福才撒手归西。母丧期间，朱寿昌十分悲痛，双眼都差点哭瞎了。给母亲送终之后，他也一点不摆为官者的架子，与自己的几个同母异父的弟、妹相处得很好。弟弟、妹妹家的大事他帮助料理得井井有条。

朱寿昌不愧是“二十四孝”中记录在册的大孝子。几岁离开母亲，他却寻找了母亲几十年，没有真正的孝心是做不出这样难能可贵的事来的，别说中国古代对这种人推崇备至，就是在现代也堪称榜样。

父母之年，不可不知

原典赏读

【原文】

父母之年，不可不知也。一则以喜，一则以惧。

——《论语·里仁》

【译文】

父母的年龄不可不知道。一方面为他们的长寿而高兴，另一方面又为他们的衰老而伤心。

慈风孝行

记住老人的生日以及属于他们的喜庆日子，并在这个日子里庆贺一下，并不一定要多么隆重，能表示心意就可以了。

记住父母生日很重要，其中的道理非常简单。记住它，做子女的就有了向父母尽孝道的机会。现在的中青年人，很少是同父母住在一起的，加上工作忙，竞争激烈，往往就缺少向父母尽孝道的机会，不少人想尽孝道，可是“心有余而力不足”，其实经济实力一般是有的，大多是机会太少。

现在流行一句话：“知恩图报。”古语说：“滴水之恩，涌泉相报。”要说报恩的话，父母对自己儿女的恩才是大恩，这个大恩就是养育之恩。一个人从小到大，到成才，一切都离不开父母含辛茹苦的抚养，苦口婆心的教育，父母是自己最亲的人。现在自己工作了，成才了，成家了，父母也年老了。毫无疑问应该好好回报父母。儿女年小，日子还长，父母已年老，毕竟日子不多了。有人说得好：“孝敬父母不能等。”但光说不行，还得有实际行动。记住父母生日，让他们在这一天过好，这就是孝敬父母的一个最好的实际行动。说记住父母生日很重要，并不是说它是什么了不起的大事，不过是向父母表示一下心意而已。也就是说，我们一定要时时牢记为父母尽孝不可以等待，父母老了，身体不好了，作为子女需要以实际行动来证明自己可以赡养父母。

家风故事

郯子扮鹿取奶

远在两千多年前的周朝，在北方一个偏僻的小山村中，住着一个名叫郯子的少年。他个头不高，却十分勇敢机智，又特别孝敬父母，村里的大人、孩子都很喜欢他。

郯子家里贫困，全靠父母日夜操劳，一家人才勉强得以温饱。岁月渐渐流逝，郯子的父母老了，身体也大不如以前。而随着郯子一天天长大成熟，他变得更加懂事，总是想尽办法为父母分忧。

他每天天刚蒙蒙亮就起床，帮助父母担水、做饭、打扫院落。一家人吃过早饭，他便背起绳索，拎着斧头上山去打柴。

山野里生活着一群野鹿，它们经常站在远远的地方惊奇地看着郯子，而郯子在伐木的间隙也总是友好地向鹿群招招手，学一声鹿鸣，郯子模仿得惟妙惟肖，时间长了，他与群鹿成了好朋友。

常年的劳累使郯子父母的身体越来越弱，二老的眼睛都快失明了。这下可急坏了郯子，他进山为父母采来各种药材治病，但是总不见效。

一天，郯子的父亲偶然说起："我很小的时候，吃过一次鹿奶，鹿奶的味道真不错，听说对人的眼睛很有好处，如果能有鹿奶吃，眼睛也不会坏成这样。"母亲在一旁也补充说："我也听老一辈人说过，鹿奶对人的身体有滋补作用。"有心的郯子听了这番话，暗暗动起脑筋来，既然鹿奶有那么神奇的功效，何不弄些来让父母吃呢？但是，怎样才能弄到鹿奶呢？忽然，他灵机一动，想到了山间那群野鹿，自己如果能扮成小鹿混进鹿群，就一定能够采来鹿奶。

郯子为自己想出了这么绝妙的主意而高兴万分，怕父母不放心，他没有对父母讲。

第二天，郯子提了一个小罐，带着从猎人那借来的鹿皮进山了。老远，郯子就看见那群野鹿在静静地吃草，郯子伏下身去，将鹿皮披在身上，装扮成一只小鹿，悄悄地混进了鹿群。

郯子知道，平时温驯可爱的鹿一旦发起怒来，也是非常可怕的，所以他一切都小心翼翼，生怕露出破绽来。他爬到一头母鹿身边，开始轻轻地向罐中挤奶，他的动作轻柔，母鹿还以为是一头小鹿在吃奶呢，郯子顺利地挤了一罐奶，为了不让鹿群发现，他仍然爬着离开了鹿群。

郯子回到家中，高兴地让二老喝他带回来的新鲜鹿奶，二老惊奇地问他是怎么弄到的，他这才把自己扮成小鹿取奶的事告诉了他们。父母非常担心，劝他以后不要再去了，郯子却说："只要你们的身体一天天好起来，我吃点苦算不了什么!"

从此，郯子一次次混进鹿群去挤奶。不知是郯子的孝心感动了上天，还是鹿奶确实具有神奇的功效，父母的身体真的一天天好了起来。

一天，郯子刚挤了半罐奶，忽然传来一阵急促的马蹄声，受惊的鹿群四散逃走，只剩下郯子还在原地没有动。原来，是猎人们在围猎，他们拈弓搭箭刚要射向郯子，郯子急忙掀掉鹿皮，站起来说："别射，我是人。"郯子把自己为父母取奶的事告诉了猎人。

猎人们大吃一惊，同时也深为郯子至诚的孝心所感动。一时间，郯子扮鹿取奶孝双亲的故事在当地传为佳话。

装扮成小鹿去采鹿奶，既很艰难，也很危险，可是孝子的赤诚，是超越艰险的，所以它能常驻天地，千古流传。

首先要有一颗孝心

原典赏读

【原文】

妻贤夫祸少，子孝父心宽。

——《增广贤文》

【译文】

妻子贤惠，她的丈夫灾祸就少，子女孝顺，父母就心情舒畅。

慈风孝行

父母为我们操劳半生，作为子女一定要孝顺。

那么，我们应当怎样对待他们呢？怎样报答他们的爱呢？

第一，对父母有礼貌。

有的人对外人很客气，很有礼貌；可对父母、家里人就无所谓了，有时说话连招呼也不打，口气也很不客气：“嘿，给我削个苹果！”这样做实在不礼貌。父母是自己的亲人，是长辈，应该有礼貌地对待。开口说话时应先打招呼，请求父母要用“请”字，例如，“爸爸，请帮我削个苹果可以吗？”“妈妈，请您帮我拿铅笔盒行吗？”这样有礼貌地说话，表现出对父母的尊敬是我们晚辈应当做到的。

这种对父母的礼貌不仅仅是一个外在语言的问题，而应是发自内心地对父母的关心、体贴。

第二，帮父母的忙。

随着年龄的增长，我们对父母的爱还应该表现在行动上，尽自己所能来减少父母的劳累，在家里，我们自己能做的事要自己做，如收拾好自己的床，收拾好自己的东西，洗洗小件衣物……这样可以减少父母的劳累。有些家务活，如洗菜、淘米、刷碗、扫地……我们主动去帮忙，这样就能进一步减轻父母的劳累。

第三，关心体贴父母。

首先要了解父母需要什么，有的人天天和父母生活在一起，但并不了解父母。例如，他们的工作对社会的贡献是什么？工作中有哪些困难？有什么成绩？只有了解了这些，才能在父母心里烦乱时，少打扰他们；在父母工作取得成绩时，向他们表示祝贺；在他们劳累时多分担些家务，让他们多休息一下。例如，他们身体不好要吃药时，送上一杯水；他们睡下时帮助轻轻盖好被子。这些细小的动作都能使他们感到温暖，病痛会不知不觉减轻许多。

第四，不辜负父母的希望。

父母对子女充满爱，也充满希望，希望像小树一样茁壮成长，长成栋梁之才。我们好好学习、好好工作，在品德、学业、职业、身体等方面不断长进，父母就会十分高兴，忘掉为子女付出的一切辛苦，而感到巨大的满足。

家风故事

沉香救母

相传很久以前，在华山上有一座神庙，名叫西岳庙。庙里住着一位清秀漂亮的仙女，叫作杨莲。因为她是玉皇大帝的三外甥女、二郎神杨戬的亲妹妹，所以人们也称她三圣母或三娘娘。三圣母美丽善良，但自从被王母娘娘派遣到华山以后，就一直过着孤单寂寞的生活。四下无人的时候，她就会从神台上跳下来，轻轻地唱一唱歌、跳一跳舞。

这一天，三圣母正自己在庙里唱歌、跳舞，消磨时光。忽然，有一个书生走了进来。三圣母吓了一跳，她连忙登上自己的莲花宝座，盘膝坐了下来，重新化作了一尊雕像。

书生名叫刘彦昌，是一位上京赶考的举子，他路过华山，听说山上有一座西岳庙，便登上山来，进了西岳庙，想要游赏一番。不知不觉，就走到了雪映宫。刘彦昌走进殿里，一眼就看到了三圣母的塑像。他被她美丽、温柔的面容深深地吸引了，不由得心想，要是能娶到这样的女子做妻子，该有多幸福啊！但可惜，这只不过是一尊塑像罢了。想到这里，刘彦昌心中不免有些惆怅，他取出笔墨，随手在雪映宫的墙上题了一首诗，抒写了自己对三圣母的爱慕之情与求而不得的惆怅。

刘彦昌离开以后，三圣母从宝座上下来，走到墙边，看到刘彦昌留下的诗，体味到其中深深的爱慕之情，不由得也被感动了。她轻轻地抚弄着墙上的字迹。刘彦昌不仅诗作得好，书法也十分飘逸流畅。三圣母不禁对这个俊秀的书生产生了一些好奇心。她掐指一算，知道刘彦昌已经离开了华山，走到了一个村子附近。于是，她就连忙驾着云雾赶到了他的前面，变作了一个民间女子，等着刘彦昌走来。

刘彦昌走到半路，又渴又累，这时，他看见前面有一间小茅屋，旁边有一位农家女子正在干活。他连忙走了过去，作了一揖，恭恭敬敬地说道："这位姑娘，我是去京城赶考的举子，走到这里，十分口渴，不知姑娘可否给我一碗水喝？"三圣母变成的姑娘对他一笑，说："好，请稍等。"说完，就进去拿水了。正在这时，天上忽然下起了倾盆大雨，刘彦昌来不及躲闪，被淋了个湿透，还发起了高烧。三圣母连忙扶着他进了屋子，为他端水熬药，尽心尽力地照顾他。一来二去，两个人互生情愫，彼此都难分难舍，后来他们便结为了夫妻。转眼赶考的时间快要到了，刘彦昌要去京城，此时三圣母已经有孕在身。临别的时候，刘彦昌赠给三圣母一块祖传的沉香，对她说，以后孩子出生了，就起名叫作"沉香"吧。三圣母送别刘彦昌，一直走了很远很远。

刘彦昌走了以后，三圣母就一个人在农家小院中居住。但是不久，三圣母私嫁凡人的消息被她的哥哥二郎神知道了。二郎神勃然大怒，他来到凡间，找到三圣母，要带她回天庭受审。三圣母怎么解释，二郎神也不听。实在没有办法的三圣母只得拿出了自己的宝物——一盏宝莲灯。这盏灯是当初王母娘娘送给她做镇山之宝用的，无论什么样的妖魔鬼怪、神仙高人，只要点起宝莲灯，让它放出光芒，都会被震慑降伏。二郎神一见妹妹拿出了宝莲灯，知道自己敌不过，便只得逃走了。

回到天上的二郎神越想越气，他想了半天，想出了一个办法。他让自己的哮天犬偷偷下界，趁着三圣母休息的时候，把宝莲灯偷了出来。二郎神重新下界，打败了三圣母，将她压在了华山山下的黑云洞里。

三圣母在暗无天日的黑云洞里生下了自己和刘彦昌的儿子沉香，她写下了一封血书，放进孩子的怀里，又偷偷托付土地神，把孩子送到刘彦昌身边。

此时的刘彦昌已经是金榜高中，被封为了扬州巡抚。他回到家中，却不见三圣母的身影。他心中一沉，连忙跑到华山的圣母殿，在那里发现了一个正在呱呱啼哭的婴儿，凭着那封血书，他才知道这就是自己的儿子沉香，也知道了三圣母的遭遇。但无奈自己只是一个凡人，刘彦昌用尽了办法，也没能把三圣母救出来。

一转眼，十多年过去了，沉香长大了，也懂事了。他常常问父亲，自己的母亲在哪里。刘彦昌每次听了，只是低头叹气，不告诉他实情。终于有一天，沉香在柜子里发现了三圣母留下的那封血书，才知道自己的母亲被压在华山底下受苦。沉香又惊讶又心痛，决心到华山去，救出母亲。他把想法对父亲说了，刘彦昌说："孩子，我们区区凡人，又如何跟神仙争斗啊？"沉香不信自己救不出母亲，于是他带上血书，自己一个人去了华山。

沉香历尽千辛万苦，好不容易到了华山，可是华山地方这么大，母亲到底在哪里呢？沉香找来找去，找不到母亲的踪影，忍不住放声大哭了起来。哭声惊动了路过的霹雳仙人。他走到沉香身边，问他："孩子，出了什么事了？你为什么哭得这么伤心啊？"沉香就将事情的经过告诉了霹雳仙人。霹雳仙人听了以后，深深地被沉香的孝心感动了。他说："孩子，你别着急，你的母亲确实是被压在这华山底下，但凭你现在的力量，还不能把她救出来。你要想救母亲，就要从现在开始，努力练功。”霹雳仙人将沉香带回了自己居住的地方，教他武艺。沉香在仙人的指点下，刻苦练功，渐渐学会了十八般武艺和七十二般变化。16 岁生日那天，沉香收拾好行装，拜别了师父，要去华山营救母亲。临走的时候，霹雳仙人送给了他一柄神斧，告诉他关键时刻必有大用。

沉香一路腾云驾雾，来到了华山黑云洞前，大声呼唤母亲。三圣母听到了儿子的喊声，激动得泪流满面。但她也深知二郎神神通广大，凭自己儿子的法力，还打败不了他。于是，她就让沉香去向舅舅求情，还教给了他使用宝莲灯的方法。沉香来到二郎神庙，向他苦苦哀求。但铁石心肠的二郎神不但不肯放出三圣母，还拿起三尖两刃刀，和沉香打了起来。沉香抡起神斧，与二郎神打在一起。沉香越战越勇，二郎神渐渐有些抵挡不住了。关键时刻，他拿出宝莲灯，想要降伏沉香。但没想到因为不熟悉它的用法，反倒被沉香一下子抢了过去。沉香按照母亲教给他的方法，转动宝莲灯，宝莲灯射出万丈光芒，打败了二郎神。

沉香拿着宝莲灯，回到华山，他举起神斧，用尽全身的力气，冲着山劈了下去。只听轰的一声巨响，华山被劈开了。三圣母终于被解救了出来。母子俩紧紧地抱在一起，泪流满面。二郎神见此场景，不由得也有些感动。他决定放过妹妹一家，不再惩罚他们了。三圣母、刘彦昌、沉香一家团聚，从此过上了幸福的生活。

沉香救母的故事，通过影视节目《宝莲灯》的传播，可以说是家喻户晓。这虽然是一个神话故事，但其中表现出来的孝母之心、救母之志和“母亲痛苦我就不幸福”的爱母之情，足可以感天动地。可见，孝敬长亲，自古同为至理，是人世的美德和人伦的正道。

善待父母即为孝

原典赏读

【原文】

善待父母为孝。

——《尔雅·释训》

【译文】

善待父母就是孝。

慈风孝行

“从前，有一个爸爸，带着儿子在树下看报纸。儿子问：‘爸爸，树上的是什么啊?’爸爸高兴地回答：‘那是麻雀。’过了一会儿，儿子又问：‘爸爸，树上的是什么啊?’爸爸不厌其烦地回答：‘那是麻雀，会飞的小麻雀。’又过了一会儿，儿子还是重复着同样的问题，但是爸爸每次都很高兴地告诉儿子，那是麻雀，会飞的小麻雀。

时间过了很久，儿子陪父亲在树下看报纸，父亲问：‘儿子，树上的是什么啊?’儿子答道：‘那是麻雀。’不一会儿父亲又问同样的问题，儿子很不情愿地回答：‘麻雀。’第三次父亲再问儿子的时候，儿子勃然大怒，把报纸摔在地上，狠狠地说：‘你是不是有病啊，不是告诉你是麻雀了吗？怎么总问啊！’”

看到这个故事的时候，很多人潸然泪下。

父母给了我们生命，教我们怎样做人，时时刻刻、方方面面，给我们无微不至的关爱。这种爱是朴实的，是无私的，是不求回报的。我们也应以同样的方式善待父母。

家风故事

谢延信的故事

谢延信，原名刘延信，男，汉族，河南省滑县人。1952 年出生，河南焦煤集团鑫珠春工业公司工人。2008 年 2 月 17 日，谢延信荣获中央电视台“2007 感动中国人物”；2009 年 9 月，谢延信被评为“100 位新中国成立以来感动中国人物”。

1973 年 4 月 16 日，21 岁的滑县青年刘延信与同乡姑娘谢兰娥喜结良缘。1974 年 7 月，谢兰娥生下一个可爱的女儿 40 天后，因产后风离开人世。去世前，谢兰娥对守在病床前的丈夫说：“延信，我怕是不中了。你要照顾好咱爹妈和咱那苦命的傻弟弟。以后再找人家，只要对咱闺女好就行。”

妻子撒手人寰，刘延信面临着这样一个现实：岳母有肺气肿、胃溃疡，丧失了基本劳动能力，唯一的内弟先天呆傻，连生活都难以自理。想着妻子的遗言，看着悲恸欲绝的岳父、岳母，还有跑来跑去不知发生什么事的傻内弟，刘延信做出了一生最重要的决定，他跪倒在岳父岳母面前，磕了三个响头：“从今以后，俺就是您的亲儿子!您放心，今后的生活俺来管，俺替兰娥为你们二老养老送终。”

自从妻子去世后，刘延信一个人挑起了照顾全家人的生活重担。他的兄长及母亲都有意见，母亲还派三哥刘延胜先后三次找到他，试图说服他回家重新找个女子结婚生活。对此，他始终都没有松口。

谢兰娥去世的时候，刘延信才 22 岁，再组家庭是早晚的事情。这让岳父、岳母担心不已：他再婚就会有自己的小家庭，多病的二老、痴傻的内弟，谁来照顾？若是没有了他，这个家谁来管？二老的担心被刘延信看在眼里，记在心上，为了让老人放心，他做了一个谁都没有想到的决定——改姓！

他的这个举动在家族里引起了一场轩然大波。“不行！你媳妇不在了，你也尽孝了，已经对得住你岳父一家了，咱可不能随便改名换姓啊！”一个本家长辈告诫他。家庭会开到深夜两点，刘延信看大家不同意自己的意见，“扑通”一声跪在了母亲、三哥和其他长辈们的面前……最后，虽然大家勉强同意了他的要求，可他清楚，他的选择分量有多重。从此，刘延信变成了谢延信。

1979 年春天，岳父在煤矿宿舍深度中风，被工友送到医院抢救。在与死神顽强搏斗了 7 天 7 夜后，老人从昏迷中苏醒过来，却永远地失去了站立的能力，成了瘫痪病人。现在，家里一病、一瘫、一傻、一幼，没有一个不需要照料的。面对苦难，谢延信没有怨言，他用肩膀扛起了残破的家。

为了支撑这个家，他一双解放鞋一穿就是 6 年，一件衬衫白天穿、晚上洗，一穿就是 10 来年。家里买的水果从来舍不得吃一口，全都留给岳父母和内弟。老人心疼地问谢延信苦不苦，他乐呵呵地说：“和爹娘在一起，苦日子也是甜的！”岳父瘫痪在床 18 年，他精心护理，端屎端尿，洗澡按摩，18 年老人没有得过一次褥疮。

1996 年 8 月，69 岁的岳父即将走到生命的尽头。已昏迷两天两夜的老人突然睁开眼睛盯着谢延信，嘴张了张却发不出声音。谢延信知道岳父还有两件事放心不下，他把岳父的头放到自己怀里，对老人说：“爹，您放心，只要我有一口饭吃，就不会让娘和弟弟饿着。娘百年后，让弟弟跟着我，绝不让弟弟受一点委屈！”听罢他的话，老人两行热泪从深陷的眼窝里流了出来，随即安然谢世。

他以不放弃照顾前妻一家人为前提，多次拒绝组建新的家庭。1984 年 9 月，一位善良的农家女谢粉香走到了谢延信身边。谢延信说：“同我结合，以后会比别人吃更多的苦。”谢粉香说：“有难我们同担，有苦我们同吃。”就这样，他们组成了一个大家庭。谢粉香在滑县老家抚养女儿、侍奉双亲、耕种责任田，谢延信在焦作上班并伺候岳父母。

2003 年，谢延信自己也因脑出血住院，后来虽然抢救了过来，但落下了行动迟缓的后遗症。妻子谢粉香放下家里一应事务，从老家赶来全力打理伺候两个病人，从丈夫手中接过爱心的接力棒，就像对待亲妈和亲弟一样，把他们照顾得无微不至。

生活的不幸和经济的拮据伴随了他32年，然而谢延信从来没有向困难屈服过。他说，虽然自己是一个极其平凡的人，但承诺的誓言绝不改变，不管千难万难，只要有能力去做，就要尽心尽责。

谢延信重诚守诺、以信立身、尊老至孝、奉献爱心，是社会公德、家庭美德的楷模。在当前建设和谐社会的伟大任务中，我们每一个人要把谢延信的感人事迹转化为一种意识、一种动力、一种催人奋进的精神，用于指导自己的工作和生活，为促进社会和谐建设和经济发展贡献出自己应有的力量。

父母在，不远游

原典赏读

【原文】

子曰：父母在，不远游；游必有方。

——《论语·里仁》

【译文】

孔子说：父母在世，就不远离家乡；如果要出远门，也必定有一定的处所。

慈风孝行

恭敬宽慰父母是孝道的重要内容。儿女“游必有方”正是为了尽可能解父母倒悬之心。“游必有方”是父慈子孝的结果，也是儿女换位思考的结果。

现代子女一般都认为，陪着父母，就意味着在自己的事业和追求上止步不前，意味着自我牺牲，这是个误区。回想我们成长的这些年，不也是一直有父母陪伴吗？父母何曾逃避抚养我们的责任，何曾推脱教育我们的义务？

如果你为了一个人走远，那先想一下这个人会不会给你比父母更多的爱。如果你为了一份工作而走远，那就想一下多出来的那些薪水会不会比父母的爱更值得。

孟郊的《游子吟》最能够体现母亲对孩子的担忧：慈母手中线，游子身上衣。临行密密缝，意恐迟迟归。妈妈对远行在外的子女是最关心的，她们关注孩子所在地区的天气预报，如果预报有雨，她们会从遥远的地方专门打电话叮嘱他们要记得出门带伞。但是子女总觉得学习为重，事业为重，朋友为重，父母被摆在了最后的关注位置。

“父母在，不远游”想要表达的不只是子女应该守在父母的身边，尽自己的孝心，还应该有另外一层意思：子女出门，远离父母，给父母带来的只会是无尽的思念。所以，无论如何，你都要记住一点：你是父母一生的牵挂。

家风故事

李密辞官养祖母

三国时期有个叫李密的人，曾在晋朝做过官，他文笔很好，著名的《陈情表》就出自于他的笔下。

相传，李密幼年经受了许多生活的磨难。出生刚满六个月，父亲就撒手离开了人世，家里失去了顶梁柱。在那个时代，女性不能主宰自己的命运。4岁时，他的舅舅逼迫年轻守寡的妹妹改嫁他人，这样母亲也离开了，李密成了孤儿。对于一个年幼的孩子，这无疑又是一次人生打击。从此，李密就与祖母一同生活、相依为命。祖孙俩一个老，一个小，常常是饥一顿饱一顿，勉强度日。冬日里，他们住在破旧的茅草屋中，家徒四壁，冷风一阵阵刮进来，无情地吹打着他们祖孙二人，生活艰难至极。

幼小的李密在这种境况下生活，锻炼了一种顽强地同生活抗争的能力。祖母含辛茹苦地抚育着李密，李密也很懂事，主动分担祖母的忧愁。他对祖母产生了深深的眷恋和挚爱，尽量不让祖母为自己操心。他学习刻苦，在当地名士谯周的教诲下，日渐成熟，见识越来越多，后来他自己也开门讲学，远近闻名。他对学生就像老师待自己一样，严格要求，循循善诱，更主要的是用自己的人品教育影响学生。他最大的特点就是对恩重如山的祖母极尽孝道。谨慎地服侍老人，从不惹老人生气。老人生病，他就精心地侍奉，端汤送药，晚上都不宽衣解带，终日守候在祖母身边。

由于李密人品、学识俱佳，远近闻名，很受人们尊敬。三国时魏国征西将军邓艾听闻他的声名，招请他入幕做主簿，他没有前往。晋统一天下后，地方太守举孝廉，刺史举秀才，李密仍为了奉养祖母而拒辞。到了晋武帝司马炎立太子，下诏请这位蜀中名士入京做太子洗马。在当时，对于天下文人名士，这无疑是最荣耀的事。但李密面对诏书，却犹豫起来。他首先考虑的不是名扬四方，而是想到自己年迈的祖母，她眼下更需要有人在旁照料。回想祖母从 4 岁开始把自己抚养成人、成才，没有祖母，就没有自己的一切。现在接受诏书上任便可功成名就，但谁来侍奉祖母安度晚年？

经过几日反复思考，李密伏案疾书，写成了那篇流传后世的《陈情表》。这一奏章文辞华美、真情涌动。从幼年丧父，孤苦无靠，祖孙俩人茕茕孑立，谈到家中门庭冷落，祖母耗尽心血，年老体衰，晚年需要自己的悉心照料。

李密将此奏章报呈给皇帝，希望以此婉拒征召。晋武帝读了《陈情表》，从字里行间感受到李密对祖母的那份挚爱和尽孝道的决心。奏章中这样写道："但以刘日薄西山，气息奄奄，人命危浅，朝不虑夕。臣无祖母，无以至今日，祖母无臣，无以终余年。母孙二人，更相为命，是以区区不能废远。臣密今年四十有四，祖母今年九十有六，是臣尽节于陛下之日长，报养刘之日短也。乌鸟私情，愿乞终养。”

晋武帝被如此情真意切的奏表所感动，深知李密果然不负孝名，实在是个既懂尽忠，更懂尽孝的君子。于是，他答应奏请，暂停召请，让李密在家侍奉祖母，终其天年。

就这样，李密一直守候在祖母身边，端茶送水，穿衣吃药全由他来料理，使祖母晚年过得很幸福。后来，祖母善终，李密痛哭一场，妥善料理完一切后事，才赶往京城洛阳赴任。他做过县令，由于品行端正，口碑极佳，老百姓都夸他是清廉自守的好官。他的孝子之名也越传越远。

“孝”是中华民族的传统美德，在李密这位古人身上折射出来的光辉一直感动着后人。他的可贵不仅在于他具有为官的才华和为官的能力，也不仅在于他勤学刻苦的精神，而更在于他对长辈的那种知恩图报、弃官不做极尽孝道的操行。

从精神上爱父母

原典赏读

【原文】

古来痴心父母多，孝顺子女谁见了？

——《红楼梦》

【译文】

[illegible]父母都是疼爱子女的，可是孝顺的子女都去哪了？

慈风孝行

父母对子女关爱得多了就显得唠唠叨叨，喋喋不休，做子女的肯定会厌烦。但是孝顺的子女应该顾及到父母的感受，无论父母多么落后，他们永远是你的父母，千万不要以怨报德、恶语相加，伤了他们的心。

每个人都会老，父母比我们先老，我们要用角色互换的心情去照料他们。无论从物质上还是精神上都要关爱父母。

家风故事

崔沔慈爱

崔沔，字善冲。京兆长安（今陕西西安）人，原籍博陵（今河北安平），进士出身。

传说崔沔幼时家居成都地区，崔沔 8 岁时父亲就去世了，从此和母亲相依为命。13 岁时，他母亲又得了眼病，于是他变卖了家产，到处为母亲求医问药，但还是没能治好母亲的眼病。崔沔小小年纪，就支撑起了这个家，把母亲伺候得很周到。崔沔家门口有一个水塘，塘边是一条弯弯的小路，住在这里的人每天都从这里经过。一天晚上，母子俩正在吃饭，忽然听见门外有嘈杂的喊声，崔沔急忙跑出去一看究竟，原来，刚才一个小孩摸黑从塘边走过，一不小心掉到水里去了，幸好施救及时才捡回了一条性命。

回到屋里，母亲忽然对崔沔说："沔儿，你明天在屋门前挂一盏灯笼！这里路窄，晚上又黑，人家从这里过很不方便，挂起灯笼就不会掉到水里了。"崔沔担心用油要多花钱。母亲说："我们节约点就行了。"崔沔是个孝子，当即就依了母亲的意思。第二天，天刚黑的时候，他就在屋门口挂起了一盏灯笼。大家都很感动，知道崔沔家里穷，便你一家我一家，自愿拿出一点油送来。从此再也没有人掉到水里了。

崔沔一边种菜糊口，一边发奋读书，后来终于考中了进士[illegible]不忘母亲，经常陪着母亲游玩。一天，他们去馆子里吃饭，崔沔[illegible]母亲吃。母亲吃了问："这是什么菜？"崔沔说这是高笋，母亲便说："高笋好吃，细滑爽口。"为了让母亲时常能吃到高笋，崔沔后来请人在家门前挖塘栽上了高笋，并在周围栽上果树。

后来崔沔的官越做越大，但始终不忘母亲的养育之情。母亲去世后，崔沔很伤感。为了祭祀母亲，他决定终生吃素。他回到自己简陋的家里为母守孝，塘里遍种高笋，每年清明总不忘给母亲送上一份高笋，白玉一样的高笋承载着崔沔的拳拳孝心。世人皆为之钦佩和感动，为了纪念崔沔对母亲的孝心，后人就把这地方取名为高笋塘。

崔沔不仅对母亲关怀备至，对朝廷、对皇帝也能尽忠职守。更难能可贵的是，崔沔的儿子崔佑甫，后来成为唐德宗李适一朝的贤相；崔沔的孙子崔植也成为唐穆宗李恒一朝的宰相。后人都认为崔沔子孙的富贵，是崔沔的孝心与善行所积下来的福报。

崔沔之孝，不仅在于从物质上赡养母亲，更在于从精神上、感情上关心与体贴母亲；崔沔之孝体现在能帮助母亲实现她的善念，母子一起积德行善，这更是他们母子令人动容之处。

孝应从小事做起

原典赏读

【原文】

子曰：孝子之事亲也，居则致其敬，养则致其乐，病则致其忧，丧则致其哀，祭则致其严。五者备矣，然后能事亲。

——《孝经》

【译文】

孔子说：大凡有孝心的子女们孝敬他们的父母，要在平居无事的时候，当尽其敬谨之心；要在奉养的时候，当尽其和乐之心；父母有病时，要尽其忧虑之情；万一父母不幸病故，就要在临终一刹那，谨慎小心，想父母身上所需要的，备办一切；对于父母去世以后的祭祀方向，要尽其思慕之心，庄严肃敬地祭奠。以上五项孝道，行的时候，必定出于至诚。不然，徒具形式，就失去孝道的意义了。

慈风孝行

我们每个人都可以为父母做点事情。哪怕是小小的事情，他们也会欣慰。没事的时候，主动承担一定的家务劳动，并把这看作是自己分内的事。小孩子尚且可以主动地去做力所能及的家务劳动，如洗碗、扫地、擦桌子，成年之后的我们，更是可以与家人一起面对困难，为他们排忧解难。

父母对子女的爱浓烈无私，源自天性。而子女对父母的爱却是一个需要不断培养、不断锤炼的过程，这种爱显然又无比重要，因为它是一个人道德的基础，一个人都不爱自己的父母，更遑论爱他人。所以，培养出不孝敬父母的孩子，做父母的首先应该反思，而培养一个孝敬父母的孩子，不仅是为人父母者的福利，更是一种责任和义务。

其实，在今天，对我们来说，孝敬父母，回报父母，不一定非要做一番惊天动地的事情。我们只要在平时多注意从身边小事做起，从一点一滴做起，就完全可以尽到我们对父母的孝敬之心。

家风故事

杜环义奉常母

杜环，明初官吏，金陵人。

杜环的父亲杜一元有位朋友，是兵部主事常允恭。允恭在九江死了，家境逐渐衰败。他的母亲张氏，已60多岁了，孤苦伶仃，无人奉养。

有认识常允恭的人，可怜张氏年老，告诉她：“现在的安庆太守谭敬先，是允恭的好朋友，你前去投奔，念及与允恭旧日的交情，他一定会照管你的。”于是，老夫人坐船到了谭敬先处。可是谭竟婉言谢绝，不肯收留。老夫人的处境非常窘迫。想到允恭曾在金陵做过官，亲朋好友或许还有在的，也许能有点希望。可是她到了金陵，一个也没有访到。

这时，老夫人想起了常允恭的生前好友杜一元，就四处打听他家在什么地方。知道情况的人说：“杜一元已经死了很久了，他的儿子杜环还在，家住鹭州坊中，门口有两棵柳树可以辨认。”

张氏穿着破旧的衣服，又冷又饿，走投无路，只好抱着一线希望来到杜环家。此时杜环正陪着客人，见到常母这副样子非常惊讶，杜环扶着老人坐下。常母便把遭遇哭着告诉他，杜环听着也流下了眼泪，对老人行了晚辈之礼，又呼唤妻子和孩子来行礼。杜环的妻子马氏拿来自己的衣服给常母换上，又捧来粥让常母吃。

常母问起平素较为亲近的老朋友和她的小儿子常伯章的下落。杜环知道她的老朋友都不在了，又不知常伯章的下落，只好婉转地安慰常母说：“天正下雨，等雨停了替您老人家打听一下他们的近况。假若找不到他们，您就在这住下，我家即使再贫穷，也能奉养起您老人家。况且我父亲和常老伯亲如兄弟，现在您老人家贫困窘迫，不到别人家去，投奔到我家来，这也是两位老人在天之灵把您老人家引导来的啊！希望老人家别见外了。”

常母见杜家也不富足，雨停后坚持要去找找其他朋友，杜环只好派一名家人跟着同行。天黑了，常母仍找不到熟人，只好返回来，在杜环的热情挽留下，才安心住下来。

杜环像对待母亲一样地侍奉她，为她收拾了一间干净的房间，买来布料，让妻子替她缝制衣裳被褥，每天都做好可口的饭菜亲自给常母送去。常母患病，杜环和妻子亲自替她熬药，寸步不离地守候在她身边。杜环还告诉家人，要顺从她的心愿，不要因为她处境困难就轻视、怠慢她。

就这样，常母在杜家过着舒心的日子，身体渐渐好起来，但是她时时想念小儿子常伯章。杜环每年都派一些人出去打听常伯章的下落，但是一直没有音讯。转眼间过了十年，常母已 70 多岁了，杜环也做了太常寺的赞礼郎。

这年春天，常母病得很重，杜环正奉皇帝的诏令到会稽举行祭祀。返回时，路过嘉兴，正巧遇上了张氏的小儿子常伯章，杜环惊喜交加，忙把常母这些年来的境况告诉他，最后说："你母亲很想念你，她现在病得很重，你要早点去见她，也好了却她的一桩心愿。"常伯章含糊地答应了。又过了半年，常伯章终于来到杜家，他见常母年老多病，行动不便，竟找个借口一走了之，再也没有回来过。

杜环见常伯章不辞而别，没有抱怨什么，只是更加精心地侍奉常母。常母的病情越来越重，她想到这些年来杜环对待自己的千般好处，亲儿子却弃自己不顾，禁不住时时暗自流泪。快要断气时，她拉着杜环的手说："你比我的亲儿子还要孝顺，我拖累你了。"

杜环隆重地安葬了常母，每年还为她扫坟、烧香。

杜环悉心照料常母十几年，就像对自己的亲生母亲一样，为她养老送终，所做的事都是家常琐事。其实，孝的价值不正体现在这些人们司空见惯的"琐事"中吗？

人之行莫大于孝

原典赏读

【原文】

丧尽礼，祭尽诚；事死者，如事生。

——《孝经》

【译文】

办理丧事要尽到礼节，祭拜要真心诚意；对待死去的父母，要像活着的时候一样。

慈风孝行

丧礼尽力做到隆重而严肃，俭朴而合礼，祭祀要真诚而恭敬，尊重信仰，合乎社会公德和道义，以此缅怀故去的亲人，也算是抚慰自己失去亲人的伤痛。正如论语中有一句话："生，事之以礼，死，葬之以礼，祭之以礼。"

对待亲人突如其来的变故，有的人常常痛哭流涕，久久难以平复内心的创痛，甚至哀伤过度而生病；有的人虚情假意，走走过场，干号无泪，甚至雇佣别人祭祀哀号，来充场面；有的人无所适从，木然应对，最后压抑内心，默默承受。对待丧礼，有的人做到诚敬恳切，朴实隆重，有的人极尽奢侈，排场铺张。逝者已去，生者应如何？论语中有一句话："祭如在，祭神如神在。"对于这些众生百态，冷眼看来，没有什么对错之分，关键是对待父母丧礼的态度，祭祀父母如敬神，发自内心诚敬的态度，能让死者安心，生者安慰，这远比形式上的排场来得实在。

作为儿女，在父母过世后，要操持办理父母的丧事，办理丧事要尽量合乎丧礼礼节，不能草率马虎，要以诚敬之心对待父母的丧礼。对待已经去世的父母，要如同生前一样恭敬、诚心。当然，也不要为了面子把丧礼办得铺张浪费，这违背父母节俭的本意。对待父母的事要恭敬，对待父母的谆谆教诲，儿女要能接受、听从并做到，无论是父母健在，还是父母故去，这才是真孝顺。

家风故事

董永卖身葬父

很多人都看过黄梅戏《天仙配》，都知道那位从天上下来的七仙女，也都会唱"树上的鸟儿成双对"，可是却很少有人知道为什么美丽善良的七仙女会爱上董永这个穷人家的孩子。这里头，还有一段动人的故事呢。

董永很小的时候就没了母亲，是父亲含辛茹苦地把他拉扯大，所以董永和父亲的感情特别好。

父亲在一个地主家做长工。为了养活董永，他没日没夜地拼命干活。可就是这样，他们父子俩仍然填不饱肚子，经常是吃了上顿没下顿。父亲为了让董永吃饱，自己常常挨饿，时间长了，身体就渐渐虚弱下去了。

董永长到 20 岁的时候，父亲本该轻松轻松了，可不幸的是，他却得了重病。董永家很穷，住的是一间破破烂烂的低矮的茅屋，穿的也是破烂不堪的衣衫，根本没钱抓药治病。病重的父亲只能躺在床上默默地忍受病痛的折磨。几个月过去了，父亲离开了人世。

董永非常伤心，他觉得自己很对不起死去的父亲。本来自己已经长大成人，该好好地孝敬父亲了，可父亲却去世了。更让董永难过的是，自己没钱为父亲置办一口棺材。

在古代，如果儿女们不能好好地安葬去世的父母，那就是一桩很不孝的事情，是要遭到人们指责的。

董永最爱自己的父亲了，他当然不会做这种不孝的事情。可是又有什么办法呢？像他这样的穷小子，富人们是不会借钱给他的，就更不用提到棺材铺去赊账了。

时间一天一天地过去了，董永守在父亲身边，焦急极了！他实在想不出什么好办法，只好横下一条心，离开了家，来到集市上。

董永并不是想到集市上去做买卖，他在自己的头上插了一根草标，在集市上来回地走。原来他是想把自己卖了。

渐渐地，围观的人多了起来。有人问道：“小兄弟，你为什么要把自己卖了呢？”

“我父亲去世好些天了，我没钱买棺材，就想把自己卖了来安葬父亲。”董永含着眼泪回答道。

周围的人听了都很感动，可大家都是穷人，连自己都养不活，哪来的钱资助董永呢？大家只好叹口气，散开了。

这时，有个地主模样的人走到了董永面前，他仔细地看了看董永还算结实的身子，就说：“我看你这么孝顺，就帮你一把，买下你了。”说完，他从口袋里掏出一些钱来扔在了董永面前，然后又拿出一张卖身契来让董永画了押，接着说："钱你先拿回去安葬你父亲。过几天，就到西村来找我。几天后不来，我就到官府去告你。"

董永得了钱，很感激那人，就给他磕了一个头，说："您放心，过几天我一定到西村去找您。"说完，董永转身就跑回家去了。

几天后，董永办完了丧事，就踏上了到西村去的路。

董永做梦也没有想到自己的孝心感动了天上的七仙女。七仙女不但善良美丽，而且织得一手好布，她早就向往人间的生活。那天她也发现了在集市上的董永，为他的孝心感动，就决定在董永去西村的路上等着他。

董永一心只想着尽快地走到西村去，差点儿就没有注意到路边的七仙女。要不是七仙女悲伤的哭声，董永是不会走到她的身边的。

"姑娘，你怎么一个人在这里，有什么伤心事吗？"董永关切地问道。

听到董永的问话，七仙女哭得更厉害了。她哽咽着说："大哥，我的父母都去世了，只剩下我一个人了。我知道你是个好人，就让我跟你走吧，否则我一个人会受人欺负的。"

董永很同情这个女子，可他连自己都保不住，怎能养活这个女子呢？他只好说："姑娘，我现在已经是别人的人了，正要到别人家去当长工，你跟着我是会吃苦的。"

"我不怕吃苦。我还会织布，能帮你许多忙的。你就带我走吧。"

董永想了想，觉得姑娘说得也对，就带上七仙女一道赶路了。

当他们赶到西村的时候，那地主早已等在村口了。他看见董永还带了个姑娘来，心里很高兴，想着又多了个劳力，于是就给了他们一间房子住。

从那以后，董永每天到地里去干活，七仙女则在屋子里织布，小两口过着也算安定的生活。

七仙女织的布又好看又结实，买的人很多，地主因此赚了许多钱。这一年布匹的需求量很大，地主想乘机多赚些钱，就让人把董永叫来了。

"董永，你在我家干了一年多了，可离你赎身的日子还远着呐。现在我给你一个机会。假如你的妻子能在一个月之内织出300匹细绢来，我就让你们回家。你回去考虑一下吧。”

董永觉得这是不可能的事，就轻描淡写地跟七仙女说了。不想七仙女听了可高兴了，她对董永说：“我们不久就可以回家了。”

于是，七仙女开始夜以继日地织布。她利用自己的法力，在不到一个月的时间内就把300匹细绢织了出来。

当董永把细绢搬到地主面前时，地主惊得目瞪口呆。他这时有些后悔了，可他也没办法，只好把卖身契还给了董永。

董永高兴极了，连忙跑回家把这好消息告诉了七仙女，两个人高兴地抱在了一起。

不久，董永和七仙女就回到了自己的家，开始了他们男耕女织的幸福生活。

懂得照顾生病的父母

原典赏读

【原文】

亲有疾，药先尝，昼夜侍，不离床。

——《弟子规》

【译文】

父母有病了，做儿女的要照顾好父母，带医生来给他们看病，喂给父母吃的汤药，儿女可以先尝尝药是不是太烫，假如不太烫，再端给自己的父母吃，要不分昼夜地照顾他们，不离床边。

慈风孝行

父母卧病在床，做儿女的要日夜侍奉，不能随便离开。只有这样，才能真正体察父母病中的需要，真正尽到做儿女的本分。

生老病死，是自然的规律，谁也不能改变。无论父母年轻时身体是多么健康，终有一天，父母也会老去，有一天，父母也可能生病，不再健康。中国人讲：养儿为防老。养儿女最大的作用，是当父母老了的时候，父母生病的时候，儿女能够体贴、关怀、照顾父母，让父母老有所依，病有所养。

中国古代是没有西医的，人们生病后一般都找中医看病，中医通过望、闻、问、切，对病人进行诊断，如果病情轻的，用食补、拔罐、按摩、针灸等物理疗法就能祛病，稍重的通过切脉诊断，开出药方，熬制汤药调理，调动人体自身的免疫系统，达到祛病健身的目标。

古人所谓的吃药都是吃中药。中药要起到最佳的药效，一般都是需要规定时间的熬制，滚烫的药汤盛在容器中，直接端给父母喝，儿女很不放心，因为怕烫到父母，所以就自己先尝尝，看烫不烫。

父母有了疾病，做儿女的日夜牵挂，昼夜侍奉，生怕因照顾不周，酿成终身的遗憾。要避免这种遗憾，我们应该做到两点：一是父母病了，儿女要细心考虑，用什么方法才能让父母尽快好起来。也许父母的病并没有那么重，儿女也不必非得让父母一天到晚躺在床上，自己守在床前。但是儿女可以寻找最好的方法，为父母解除病痛之苦。二是父母病了，儿女要好好服侍，宽慰父母，让他们尽快地好起来。

家风故事

拓跋宏为父吸痈

拓跋宏是北魏时期一个很有作为的政治家。在他年龄很小的时候，父亲魏献文帝就把他立为太子。

拓跋宏幼年丧母，他的祖母冯太后把他抚养成人。冯太后是历史上有名的女政治家，但是为人凶悍霸道，在处理朝政时，常常与魏献文帝发生分歧。

皇帝和太后的关系紧张，作为皇太子的拓跋宏有些事就感到特别难办，但他很会处理复杂的宫廷关系，父亲和祖母都很宠爱他。由于拓跋宏是由冯太后抚育成人的，他特别尊敬祖母，对她的话言听计从。专横的冯太后觉得这个年幼的小孙子比当皇帝的儿子容易控制，总想让小孙子早点继位当上皇帝。为了达到这个目的，她甚至想下毒手谋害自己的亲生儿子魏献文帝。

拓跋宏年纪虽小，却是个非常懂事的孩子，他对父亲非常孝顺，从不依仗着祖母对自己的恩宠对父亲施加压力。

有一年，在复杂的宫廷斗争中，魏献文帝急怒之下，后背上长出了一个巨大的毒痈，太医们想尽了办法，用了各种药物，都不见有什么好转，一个个束手无策，冯太后见此情景，心里很高兴，她想：如果儿子的毒痈治不好，他一死我就把皇孙宏儿扶上金銮殿当皇上。但拓跋宏却不这么想，他心疼父亲，为父亲的病着急，天天跑到寝宫去探望父亲。

父亲背上的毒痈越来越大，疼得魏献文帝额头上直冒冷汗，在床上翻来覆去地大喊大叫，拓跋宏心里十分难过，却也无计可施，只好日日陪伴在父亲身边。宫女们送来的药，他总是要亲口先尝一尝，然后再让父亲喝下。

可是，一连吃了几剂御医开的药，毒痈并不见下去。夜间，拓跋宏住在自己的寝宫里都能听到父亲痛苦的喊叫声，他心里很是难受，恨不得那个该死的毒痈长到自己身上来。

第二天，宫人们都在悄悄议论："皇上怕是活不了几天了！"拓跋宏听了，心中非常害怕，他急忙来到父亲的宫里，见父亲背上的毒痈隆起得更高了，毒痈的尖亮亮的，显然里面全是脓血，有的地方已经破了。拓跋宏问身边的太医："是不是把痈里的脓血吸出来，父皇的病就会好了呢？""这……也许……"太医惊恐地回答："臣不敢担保。"

没想到，皇太子拓跋宏已经顾不上自己的安危了，他扑上去，用嘴对准父亲背上的毒痈，像婴儿吸吮奶头那样用力一吸，竟吸出了一大口脓血，宫女们都吓坏了，急忙端来清水让太子漱口。吸出了脓血之后，皇上立刻轻松了许多，也许是拓跋宏的孝心感动了上天，皇上的病渐渐好转了，不久，毒痈便消失了，魏献文帝的身体也康复如初。一年以后，魏献文帝为缓和同冯太后的矛盾，把皇位让给了拓跋宏，这时的拓跋宏才只有 5 岁。把皇位让给一个 5 岁的孩子，这种做法当然是荒唐可笑的。但是拓跋宏为父吸痈解毒、孝顺长辈的故事却成为历史上的美谈。后来，拓跋宏励志图新，成为历史上很有作为的改革家之一。

孝，有时需要能忍耐日常琐碎的磨炼，有时则需要有奋不顾身的勇气，前者固然难能可贵，而后者则更令人敬佩。拓跋宏为父亲吸去痈中的脓血，表现出了一个孝子的赤诚和勇气，所以他能家喻户晓，青史留名。

尽心尽力孝双亲

原典赏读

【原文】

亲所好，力为具。

——《弟子规》

【译文】

父母亲所喜欢的事，我们当儿女的要尽心尽力去做，并努力达到父母所要求的目标。

慈风孝行

我们应明白，身体力行让健在的双亲时时感受到儿女的孝心孝行，是对他们抚养教育最好的报答。

为人子女，要常思考：父母亲最挂念我们的是什么事呢？父母希望儿女身体健康，有一个体面的能养得起自己的工作，如果可能，要努力向上，积极进取，获得事业的成功和家庭的幸福！这也许是天下父母共同的心愿。所以对于生活在当下的现代人来说，我们要孝顺父母，就要将这份孝心落实在我们生活的点点滴滴中，例如作为学生，父母一定希望我们在学校能够好好学习，那我们就要尽自己的全部力量努力学习。再比如，父母希望我们将来能够出人头地，光耀门楣，光宗耀祖，那我们就要努力奋斗，至少掌握一项技能，让父母不为我们担心，并继续努力，尽量让父母为我们而自豪。

父母的希望是我们前行的方向和动力。正因为如此，司马迁遭受宫刑却成就《史记》巨著，周公旦殚精竭虑促成周朝800年盛世。人生时光短暂，如何让人生充实而有意义，需要人们常常思考，要如何成就自己，报答父母，回馈国家。我们要趁着父母俱在时，多做让他们欣慰或引以为自豪的事情。因为人生有许多不可承受之重，有些遗憾发生了就再也没法弥补。

家风故事

子路负米

仲由，字子路，又字季路，春秋末期鲁国卞（据裴骃《史记》集解引徐广《尸子》说，卞为今山东泗水县泉林镇卞桥）人，孔子的得意门生。

子路负米是《二十四孝》中的一个故事。

子路早晨服侍父母吃过了早饭，就来到山里找食物。转了一整天，汗流浃背，还是只找到了些野果野菜。眼看太阳已经西下，家里父母还在等着他，子路非常懊恼，但也没有办法，只好背上野菜回家。

因为家境贫寒，子路家经常吃不饱饭，很多时候，只能靠采一些野菜充饥。随着子路渐渐长大，父母也逐渐变老，家庭的负担落在了子路肩上。回到家的子路问候过父母，虽然自己又累又饿，但是依然没有休息片刻。他一边做着饭，一边暗暗思量：今天已经连续第三天吃野菜了，我吃野菜可以，可是这样下去，怎么能保证父母身体健康呢？父母辛辛苦苦把我养大，现在他们老了，需要我来照顾，我一定要让他们安度晚年，不能受一点委屈。

可是最近的能找到米的地方，也在一百里之外。一百里路，走一个来回，已经很累了，更何况还背着米。子路看看锅里的野菜，想到年迈的父母，暗下决心：不管走多远的路，明天一定要给父母背来米。

第二天一大早，子路早早起来，安排好家务，做好了早饭，就出门了。担心父母不会同意他走一百里去背米，所以子路今天只是说要去找食物，对背米的事只字未提。

偏偏这天特别热，太阳高挂在空中，一丝风也没有，走了没多久，子路已经汗流浃背了。到了中午的时候，子路终于找到了米。这米真沉啊，子路虽然长得高大健壮，但是一上午紧赶慢赶，还是又累又渴。不过他一刻也不敢耽误，恐怕回去晚了父母担心，一咬牙，背上米就往家里走。

天色渐渐暗了下来，望望前面的路，家还很远。“天黑之前，无论如何也要赶到家，让父母吃上米饭。”子路这样想着，虽然双腿像灌了铅一样沉重，他还是加快了脚步。

父母看到子路背着米袋回到家里，十分惊讶，同时也被儿子的一片孝心感动了。母亲心疼地说：“累坏了吧？”

子路没有露出一点疲倦的神色，看到父母有粮食吃，不用再吃野菜，他心里充满了喜悦，说：“这是儿子分内的事。”

就这样，子路经常到百里之外给父母背米。几年后，子路的父母去世了。由于子路的德行和学问都很好，当他游历到楚国的时候，楚王非常赏识他，让他做了楚国的大官。

这时候子路的境遇和从前大不相同了。他每次出游，都有一百多辆车跟在后面，他家里存储的谷米有万钟之多。每到吃饭的时候，都有美味佳肴摆在面前。可是子路却总是闷闷不乐。

别人问他：“你现在的生活条件这么好，再也不用像从前那样饥一顿饱一顿了，你怎么反而不高兴了呢?”子路叹了一口气，说：“我想要报答父母的恩德，而真正和父母在一起、侍奉父母的时间，又是那么短！从前虽然没有这些山珍海味，但是能为父母做事，即使是吃野菜，我心里也是宽慰的。而现在，父母都已经不在了，想要和父母一起吃野菜，再也不可能了。这些佳肴摆在这里，我又有什么心情吃呢?”孔子因此称赞子路：“子路侍奉父母，父母在世的时候尽心尽力，父母去世之后，仍然时刻追思啊!”

子路真的是一个大孝子，他为父母着想比为自己着想的还多，他的孝顺就是我们需要学习的传统美德。

晨省昏定奉双亲

原典赏读

【原文】

晨则省，昏则定。

——《弟子规》

【译文】

早晨起床的时候，要向父母请安，晚上回家要让父母知道自己回来了，并要服侍父母就寝安歇。

慈风孝行

“晨则省，昏则定”，是说儿女早上起床后、晚上睡觉前，都要到父母房里问安。儿女要是在家里和父母同住，早晚一定到父母的房间里问安主要体现的是儿女对父母的关怀和牵挂。这件事看似简单，其实并不容易做到。即使是在礼仪严格的古代，也不是每位儿女都能做到的。

在古代，一个家族都生活在一起，孩子成年后会别院而居，但也是在一起生活，早上临去工作前先到父母的房间里问安，顺便看看父母睡得怎么样，气色好坏，有什么需要自己照顾的地方；晚上临睡前，先到父母的房间去，除了观察父母的身体状态外，还要了解父母一天生活的状态，跟父母汇报一下一天的工作情况，也好向父母请教，顺便得到父母长辈的引领和指导。“晨省昏定”，可以让儿女和父母相互关照，相互宽心，这是很朴实的亲人之间的关爱，让我们看到古人浓浓的亲情，也看到古代子女对父母的孝顺形成了习惯，溢于言表，来得自然、亲切、真实。即使是高高在上的君王对待自己至亲的父母也会如此，奉养双亲，孝事父母，这种田园式的“天伦之乐”就真实存在于古代的每一个家庭中，让人向往。要早晚把父母放在心上，也约束着古人的行为，提醒他们做事要恭敬谨慎、谦和认真，不能造次，以免辱没家人。

我们都曾受父母深恩养育，都是父母心上最挂念的人。儿女在外，一定要做到人生有方向，工作有目标，生活有希望。因为这是父母最大的希望，我们只有做到了这些，才能让父母安心；并且还要定期给自己的父母打个电话，报个平安，和父母闲叙一下家常，关心家里的近况，问候长辈的健康，有时间一定要回到家里看看。我们可能已经做不到不远游了，但我们要尽自己的最大努力不让父母为我们担忧，这也许是“晨省昏定”侍奉双亲真正带给我们的启示。

家风故事

涤亲溺器

宋朝的时候，有一个大诗人叫黄庭坚，他自幼孝顺父母。对于侍奉父母之事，无论大小，他都会认真努力做好，从来没有推辞拒绝过。

黄庭坚从小也十分勤奋好学，23 岁时就考中了进士。元祐年间，他又做了太史官。黄庭坚一生不仅为官服务朝廷，造福天下百姓，而且还专心致力道德学问，以非凡的文学艺术造诣为后世留下许多著作。

黄庭坚做太史时，公务十分繁忙。虽然家里也有仆人，而他却不辞劳苦，依旧亲自来照顾母亲的生活点滴，从不懈怠。每天忙完公事回来，他一定会亲自陪在母亲的身边，亲力亲为地精心侍候着母亲，事事力争都达到母亲的欢喜满意。母亲有特别爱卫生的习惯，因为那时候的房子里没有卫生间，所以人们为了夜里方便如厕，通常都准备一个应急的便桶。他还坚持每天亲自为母亲刷洗便桶，数十年如一日，从不间断。

黄庭坚的做法引起了一些人的好奇和不理解。有一次，有人问黄庭坚："您身为高贵的朝廷命官，又有那么多的仆人，为什么要亲自来做这些杂细的事务，甚至还亲手做刷洗母亲便桶这样卑贱的事情呢？"

黄庭坚回答说："孝顺父母是我的本分事，同自己的身份地位没有任何关系，怎能让仆人去代劳呢？再说孝敬父母的事情，是出自一个人对父母至诚感恩的天性，又怎么会有高贵与卑贱的分别呢？"

黄庭坚就是这样一个凡事亲自去做的孝顺儿子，虽然做了大官，却没有一天不尽其为人子的孝心。

有一首诗歌这样赞颂黄庭坚：

贵显闻天下，平生事孝亲。

亲自涤溺器，不用婢妾人。

尽量让父母心暖

原典赏读

【原文】

冬则温，夏则清。

——《弟子规》

【译文】

做儿女的在照顾父母时，冬天要尽量让他们温暖，夏天要让他们凉快清爽。

慈风孝行

“冬则温，夏则□”是说孝顺的孩子照顾父母的心，一年四季都不会改变。无论是炎炎烈日的夏天，还是北风肆虐的寒冬，孝子都会极尽所能，孝养自己的父母。

孝养父母如何才能做得好呢？最简单的事就是，在冬天，你要让父母感到温暖，不能让老人家冻到，即使条件所限，没有暖暖的屋子，哪怕是用自己的身体焐热被褥，也不能让父母受冻。在夏天，即便是用扇子扇，劳累身子，也要让父母感到凉爽。

其实这么做，无非是让父母能够活得舒服一些。当然也极少有人知道，这种关心和照顾也包含为父母养生的含义。因为老年人身体机能没有年轻人那样充满活力，有抵抗力，一旦病毒来了，缺乏免疫力，可能会患病，危害健康。

今天的社会和古代社会显然不同，很多人家里都有空调或是风扇，条件比从前好了许多。但是照顾父母，让父母感觉到舒适的心不能改变。

夏天，父母下班回到家，我们不仅可以给父母递上扇子，打开空调，还可以给父母倒上一杯清凉的冰水。冬天，父母临睡觉前，我们可以打来热的洗脚水，让父母烫烫脚，提前把床铺铺好，打开电褥子，放好暖宝……

当然，儿女还可以做得更多。四季的更迭，气候的变迁，适当为父母增减合适的衣物，一个个微小的细节就可以尽显儿女淡淡的关怀。

家风故事

扇枕温席传孝名

东汉时，湖北云梦东南的江夏地方，出了一个名叫黄香的大孝子，他的孝行闻名天下，被人们誉为“天下无双，江夏黄童”。

黄香小时候，家境贫寒，经常吃不上饭，衣服也很破旧，小黄香却很懂事，从不让父母为难，从很小的时候起，就帮家里干些力所能及的活。

在黄香9岁的时候，体弱劳累的母亲病倒了，眼看着她日复一日地衰弱下去，家里却无钱医治，父亲是个老实巴交的人，急得唉声叹气，却一筹莫展。终于有一天，母亲双眼含着泪水，一只手拉着父亲，另一只手拉着小黄香，泣不成声地说：“我的病看来是治不好了，阿香爹，阿香这孩子还小，你一定要照顾好他。”“阿香”，妈妈的泪水顺着眼角流了下来，“妈妈可真舍不得离开你啊！妈死以后，你一定要听爹爹的话，你爹爹的身体不好，以后很多事就要靠你自己了……”小黄香很想跟妈妈多说几句话，可是刚叫了声“娘”就已经满脸是泪了……

母亲死了，小黄香的心灵受到了深深的刺激。他守在母亲的灵前，不吃饭也不说话，由于悲伤和疲劳，几天下来，身体就消瘦了许多。可是，小黄香想，现在就剩下自己和父亲相依为命，万一自己再病了，父亲的担子不就更重了吗？于是，他就强打精神，白天帮助父亲打柴种田，晚上陪父亲说话解忧。他决定把对母亲的思念之情，化作对父亲的孝敬和体贴，尽量不让父亲为自己操心，而要让父亲生活得更轻松一些。

小黄香家的房子非常低矮，夏天一到，似火的骄阳把房顶都晒透了，热气聚集在小屋里，像蒸笼一样，让人都喘不上气来。每到晚上，白天的热气长时间不能消散，再加上蚊虫的叮咬，让人无法入睡。小黄香想，父亲白天干活已经很累了，晚上再睡不好觉，长期下去，身体一定会吃不消的。于是，每天吃完晚饭，小黄香总是抢着洗完锅碗，然后手上拿一把大扇子，来到父亲的屋里，先是打开门和窗户，把蚊虫和屋内的热气扇出去，然后再把父亲的枕头扇凉，好让父亲早些入睡。每当他干完这些事以后，自己已经是满身大汗了。看到这些，父亲总是非常心疼，劝黄香别扇了，早些回自己屋去休息。可是，黄香坚持天天如此，从未间断。

每到冬天，寒风刺骨，黄香家因为贫穷，没有任何取暖的设备，为了让父亲能睡好觉，小黄香每天先给父亲铺好被褥，然后自己脱下衣服，钻到父亲的被窝里，用自己的体温，给父亲温暖冰凉的被窝，看着父亲睡下，才再回到自己的小屋甜甜地睡去。每当父亲睡到温暖的被窝里，一股暖流便传遍全身，总是禁不住自言自语道："阿香真是个好孩子啊！"

黄香母亲去世后，家境比过去更为艰难，夏天还好过一些，到了冬天，因为贫穷，往往穿不上棉裤，盖不上棉被，但他知道父亲已经为此伤透了脑筋，所以他从不叫苦，免得让父亲为难，白天照样帮父亲干活，晚上默默地忍受着饥寒。即使如此，他仍然整天欢欢喜喜，蹦蹦跳跳，充满了乐观向上的精神。

黄香9岁能自立，为父亲扇枕温席，这些事在邻里间传为佳话，不久，天下人都知道这位江夏的大孝子了。后来，皇帝也听说了黄香孝敬父亲的事迹，专门颁布了告示，嘉奖了这位天下无双的孝子。

孝敬不仅能让人做出常人做不到的事，还会磨炼人的意志，黄香9岁就能为父亲扇枕温席，长大后做了尚书令，政绩也很好。

父母呼，应勿缓

原典赏读

【原文】

父母呼，应勿缓。

——《弟子规》

【译文】

父母叫我们的时候，我们应该马上答应不要迟缓。

慈风孝行

表面上来看，此句的意思是父母叫儿女，儿女听到了要马上回应，立即到父母面前，问问父母有什么需求，不能迟缓。在古人看来，这是孝子对父母应该做到的最基本的情感关怀。也是儿女对父母是否尊敬最简单的一个表现。孝敬之道就体现在这样简单的点滴小事之中。正因为这件事小，所以才会有人不屑做这件事，不在意父母的需求，体会不到父母心灵层次隐含的更深的呼唤和需求。而只有时时刻刻把父母放在心上的人，才会对父母的呼唤乃至心灵的呼唤有感应。

想想自己，父母叫我们的时候，我们马上答应了吗？孝顺父母是一切善行的根源。民间也有一种说法：人生不能等的有两件事，其一是行善不能等，其二是孝顺不能等。孝顺父母难道一定要等自己飞黄腾达、平步青云的时候吗？当然不是，其实，寻常百姓在日常生活中，一样可以做到孝顺。哪怕是父母叫我们的时候，一声轻轻地答应，也尽显孩子对父母的体贴和关怀。如果儿女能急父母之所急，想父母之所需，做父母之所想，就更显孝子对父母的情谊。

所以从古至今中国历史上出现了许许多多的大孝子，才有了黄香温席、百里负米等动人的故事。小中见大，体贴入微的照顾和关怀，让父母不操心的心态，甚至仅仅是不与父母顶嘴这些极小的事一样能体现孝子的仁厚和孝顺。

常言道，要想“孝”，先要“笑”。让父母发自心底的满足，就会让他们笑起来，高兴起来，这就是孝了。

中国古代一直将“孝”和“忠”两种可贵的品质放在一起来说，说的是对待君王要“忠”，对待自己父母要“孝”，忠孝要都做到，才尽善尽美。在现代社会，其实除了父母与子女的关系外，也存在着君臣关系，这时的君臣关系其实就是我们熟知的上下级的关系。处理上下级的关系也可以借鉴和父母处理好关系的方法，比如在这句话中，我们把“父母”改为“领导”，变成“领导呼，应勿缓”，在领导呼唤我们时，我们要马上答应，不要迟缓。如果我们能做到这一点，至少可以让领导感受到来自下属的这一片热情和真诚。如果我们能更进一步体会到领导的期望，并朝着这一方向努力，相信也会让领导看到你的用心和成长。

再比如，作为学生的我们可以把“父母”改为“老师”，变成“老师呼，应勿缓”，老师在点到我们的名字时，我们能心悦诚服地接纳并答应，展现我们的青春与活力，这也是老师最希望看到的。如果我们能更进一步去体会教过我们的每一位老师的心意，我们不难发现，老师都希望自己的学生成人、成才、成功，我们若能朝这个方向努力，老师也会看到我们一点一滴的变化，也会倾尽毕生心血来教我们。一句话，“父母呼，应勿缓”，人生哲理尽在不言中。

家风故事

曾参为母痛心

曾子，姓曾，名参，字子舆，汉族，春秋末期鲁国南武城（山东平邑县）人。16 岁拜孔子为师，他勤奋好学，颇得孔子真传。

曾参为母痛心是《二十四孝》中的一个故事。

据说儒家的圣人孔子收了三千门徒，其中出类拔萃的有七十二人，这七十二人每人都有渊博的学问和高尚的品质，而曾参则是这七十二弟子中最优秀的人之一。孔子对曾参很是赞赏，教给他很多知识和做人的道理。曾参勤奋好学，在孔子的指导下成了一个真正的君子，他待人有礼，谦虚谨慎，侍奉父母极为孝顺。

曾参的家境并不是很好，但他对父母的照顾无微不至，父母想吃什么想做什么他都能提前想到，不让年迈的他们吃一点苦。曾参的父亲名叫曾点，也是孔子的得意弟子之一。曾点很喜欢吃肉，也喜欢饮酒。家里并没有太多的钱去买酒肉，曾参就不顾辛苦，每天天不亮就上山打柴，到了晚上才下山，用砍下的柴换来酒肉孝敬父亲。曾点十分感动，儿子每天打柴回来后都累得满头大汗，桌上的酒肉却一天也没有断过。后来曾点去世了，曾参痛哭不止，一连几天茶饭不思。曾点生前最爱吃羊枣，曾参从此之后再不吃羊枣，以此来纪念父亲。

父亲去世后，母亲成了曾参唯一的牵挂，他对母亲百依百顺，唯恐不合母亲的心意。他时常揣摩母亲的心思，久而久之，母亲想做什么，经常还没等开口，他就已经为她做好了。这一天，曾参照常去山上砍柴，留母亲一个人守候在家。由于刚下过雨，上山的路又湿又滑，很不好走，曾参背着大竹筐，手中拿着斧头，走得很小心，生怕滑倒后从山上滚下去。即使一个人走在荒凉的山路上，他也不觉得害怕或者苦恼，一想到砍柴后可以再换取一些粮食，心中反而觉得平静快乐。

一场大雨过后，山上的树木长得更快了，能砍下的木柴也更多了，曾参一边擦汗，一边不停地用斧子砍柴。快到中午了，木柴已经砍了有大半筐，曾参的胳膊也酸痛起来，于是他坐在一块大石头上休息。他时常在休息的时候反省自己，回想自己有没有什么地方做得不好而自己没有察觉。他想着想着，忽然觉得自己的心好像刺痛了一下，他开始没有理会，过了没一会儿，觉得心更疼了，就像一根针狠狠地扎进去了一样。曾参忽然想到，之前母亲做饭割伤手指时，他的心也曾经这样痛过，会不会是母亲出了什么事？曾参一下子跳起来，背起竹筐就向山下跑去。山路上到处都是积水，可这时他也顾不上会滑倒，一心记挂着母亲，虽然一连摔了好几次，还是加紧往前跑。好不容易跑到山下，他才发现竹筐里的木柴散失了大半，斧头也忘在了山上。可现在已经顾不得这些了，他急急忙忙地冲进了屋里。

曾参的母亲正在家里急得团团转，看见曾参回来，才松了一口气。原来就在曾参出门不久后，家中来了一位客人，这位客人远道而来还没有吃饭。曾参的母亲年纪大了，腿脚不太灵便，不能做饭招待客人。客人到家中，如果不好好招待，那是失礼的行为，曾参的母亲盼望儿子早点回来，可是左等不回右等不回，她就着急地咬起了手指，一不小心将手指咬破了。曾参对母亲说："正是因为您咬破了手指，我的心才因此疼痛起来，这才匆忙赶了回来啊。"那个客人因此对曾参赞叹不已，后来逢人就说这件事情，并说："相隔那么远，还能因为母亲咬破手指而心痛，这才是真正的孝顺啊！"

孝心是对双亲长辈孝敬的心意，是中国孝道文化的核心，是祖先崇拜的文化内涵。古人云："百善孝为先。"一个人如果连生养自己的父母都不孝敬，那么他的为人就可想而知了。

积极服从父母之命

原 典 赏 读

【原文】

父母命，行勿懒。

——《弟子规》

【译文】

父母交代给我们的命令，我们要积极努力地去完成，不要拖沓懒惰。

慈 风 孝 行

“父母命，行勿懒”，听到父母的命令，儿女要马上行动，不要懒惰。《弟子规》又一次用生活中再小不过的一件事，来考量儿女的孝心。

民间有句俗语，经常被老百姓开玩笑地说出来，“孩子都会打酱油了”，说的是自己已经成家，并且有了可爱的孩子，孩子已经长到可以听父母的召唤，可以帮助父母做点零活了。这是令父母非常欣慰的一件事。可是事实上，是不是所有的孩子到了一定的年龄都可以听到父母的命令就马上去执行，并帮助父母做点事呢？不见得。

儿女在年纪轻轻的时候，还能够听父母的训导，父母让做什么就做什么，不让做什么，一定不去做。随着儿女年龄的增长，儿女开始有了自己的观点、见解和主张。这时，在儿女的眼中，父母的意见可能就成了束缚儿女做事的手脚；父母的命令，变成了儿女眼里的唠叨。这些唠叨儿女就可能不听了，或是听了也会在行动上磨磨蹭蹭，甚至会不仅不听，还做出相反的事来。这在古代中国，是大不孝的。

父母告诉子女要做的事，作为儿女，要尽自己所能努力做到，而且要尽快完成，不能因为任何原因懒惰迟缓，让父母伤心。做儿女的，在心里时刻想着父母，行动上时刻顾及父母的感受，才是尽心孝顺的表现。

家风故事

世代家传研《周官》

西晋末年，发生了这样一个感人至深的故事。

当时，北方各地兵祸连年，老百姓流离失所。一天，官道上走来一队衣冠不整的百姓，后边是一路打骂呵斥的士兵。这些百姓骨瘦如柴，面无血色，他们是被当时的统治者劫掳来的，被迫迁徙到山东去。这一行人中，有一对韦姓的夫妇，两人衣衫破旧，推着一辆小车，车里装着几件破衣服和一些简陋的日常生活用品，他们身边走着一个孩子，拉着母亲的衣角，紧紧地跟着大人。他不时地用惊恐的眼神望着父母忧愁的面容。这个孩子就是韦逞。

韦逞的母亲宋氏出生在书香门第，父亲是一个学识渊博的学者。宋氏是家中独女，自幼丧母，父亲自己抚养她。等到宋氏稍大一些时，父亲把一部叫作《周官》的书交给她，教她念字读音，并细心讲解其中的含义。这部书很有价值，是关于古代官制方面的书，也是研究孔子儒家学说必读的经典著作。但是，这部书内容深奥，枯燥乏味，一点趣味性也没有。宋氏的父亲常告诫女儿："咱家几代都攻读钻研这部书，至今已成家传绝学，这部书是周公制定的，内容博大精深，十分有价值。我没有儿子，就把希望寄托在你身上。尽管晦涩难懂，但一定要坚持，把研究接续下去，千万别让这门学问在世上失传了。"宋氏聪明贤惠，温良恭顺，把父亲的教导铭记心头，更加努力钻研学问，终于将《周官》学说接续下来，没有辜负父亲的期望。在当时，像宋氏这样有学问的女子并不多。

后来，天下大乱，宋氏和丈夫被迫举家逃亡。在颠沛流离中她仍没有中断研读《周官》。在他们夫妻俩推着的小车上，只有为数不多的几件物品，其中就有《周官》的研究资料。一家人流浪各地，最后到了一个叫冀州的地方，投靠当地富户程安寿，饥一顿，饱一顿，勉强度日。此时，韦逞还小，母亲白天上山打柴，为生计奔波，晚上就在油灯下纺线。她一边纺线一边教韦逞读书，纺线声伴随着读书声不时传出窗外。母亲教得仔细，孩子学得认真，不懂就请教母亲，母亲有问必答，纺车声时时被孩子的提问所打断。程安寿和外人每每看到此情此景都会发出感叹。在这种艰苦的条件下，韦逞不仅从书本上学知识，而且颠沛流离的战乱生活也让他深受磨砺，学到书本之外的很多东西。

后来，战乱平息，苻坚统一了北方，建立了前秦政权。他非常重视文化教育，在朝廷中设立太学，招收贵族子弟入学就读，并且致力于收集散失的各种文化典籍。当时，由于战争的破坏，黄河流域的文化遭受巨大的破坏，苻坚想改变这种颓败的局面，便四处招纳人才。在百废待兴之际，韦逞入朝做了太常，在朝中掌管礼乐社稷、宗庙礼仪。

一次，苻坚来到太学，向博士们询问现有的典籍情况。一位博士官回答："经过收集整理，散失的典籍已大体配齐，只有《周官》一书没有注解，也没有人会讲授。我听说太常韦逞的母亲宋老夫人一生致力于钻研《周官》，她现在已经 80 多岁了，但耳不聋、眼不花，应该让她把《周官》这门学问传给后人。"苻坚一听连连点头，并向韦逞了解此书研究的一些情况，韦逞如实禀报，把自己的外祖父、母亲的研究成果一一道来，也讲到自己从小到今研究的心得体会。苻坚一听很感动，也很兴奋，便决定在韦逞家设置讲堂，选出 120 名生员去听宋氏讲解《周官》。宋氏虽年事已高，但想到自己终于可以堂堂正正地把父亲的遗训完成，就不遗余力地努力向学生讲授知识，韦逞也协助母亲完成这项有意义的大事。

尽孝不仅体现在对长辈的教导言听计从上，也体现在几代人为一项事业而努力的程度上，宋氏的孝、韦逞的孝深刻体现在他们继续长辈遗训，对中国文化典籍的保存和整理上，这在原有的意义上又增加了更加深厚的对祖国尽忠的内容。

委婉地劝道父母

原 典 赏 读

【原文】

子曰：事父母，几谏。见志不从，又敬不违，劳而不怨。

——《论语·里仁》

【译文】

孔子说：侍奉父母，应委婉规劝。如果看见父母没有听取的意思，仍然要恭恭敬敬而不触犯他们，内心忧愁而不怨恨。

慈风孝行

这是孔子从规劝父母的态度上，讲述如何做到“孝”。孔子并没有提倡唯父母之命是从，相反，主张尊长若有做得不对的地方，可以规劝。但规劝要讲究言辞委婉，方法得体，更要注意态度谦恭，心中不怨。

说话委婉，就是不直言其事，故意把话说得含蓄、婉转一些。言辞委婉，一方面可以让原本不方便说出来的话，能顺利表达出来；另一方面也可以让别人更好地接受自己的意见。

在古代，君父尊长有不可动摇的权威，古人对于君父尊长的所作所为不赞成时也不敢直说，通常采取委婉的方式来表达。

人无完人，父母也难免有过错。作为子女，有劝导、帮助父母的责任。那么我们该如何规劝自己的父母呢？

就今天而言，虽然现在的家庭较为民主、平等，家长的地位不似以前那样至高无上，但是家长仍然是权威，作为子女应心存尊敬之心，说话不能没大没小。

因此，即便父母有错，也不能仗着自己有理而对父母呵斥有加，或把父母贬得一无是处，而要时刻记住自己是父母的孩子的身份，不要“以下犯上”，一定要注意劝导的口气，采取委婉的语气对父母进行劝导。

不同的父母，有不同的性格。有的父母通情达理，有了过失时，容易接受儿女的规劝；有的父母比较固执，明明错了，却硬是不肯承认，或是知错却不愿悔改。碰上这种情况，又该怎么办呢？这个时候，我们更不应和父母吵闹，而应有策略地提醒、规劝父母。

不论我们采取的是什么样的策略，只要我们的动机是关心和爱护父母的，做法是礼貌和婉转的，终究能奏效。

如果规劝实在行不通，孔子说做子女的仍然要谨守“不违不怨”的原则，还是很尊敬他们，努力做好该做的事，不要抱怨。作为子女，遇上父母有失误时切不可得理不让人，与父母大吵大闹或对其不理不睬。这样做只会适得其反，深深伤害父母的心。

因此，如果我们发现父母有错，一定要对父母进行委婉地规劝，这样才是爱自己父母的表现，也是孝敬父母的行为。

那么，如果父母错了，该怎么劝说呢？孔子也告诉了我们办法：“事父母几谏。”意思就是委婉地劝谏。对父母要保持起码的尊重，但也不是看到错误坐视不理，而是要和颜悦色、有耐心地一次次劝说，不要惹父母生气，直到父母听从了为止。要是不听，那就“劳而无怨”，不要放弃，要有耐心，不怕麻烦，反复劝谏，但是心里不能对父母怨恨。《礼记》里记载的劝谏方法更详细：“子之事亲也，三谏而不听，则号泣而随之。”这里的三是多次的意思，大意是说，子女劝父母，要是多次还没有听从，就哭着劝说，用真情打动父母。

委婉劝谏是孝子们应该学习的，如果与父母的意见不统一，那么也不要直接顶撞，与父母沟通，也需要委婉的说话技巧。

家风故事

劝父亲戒烟的故事

黑龙江有这样一位老师，她的父亲抽了一辈子的烟，经常咳嗽。作为女儿听到父亲很大的咳嗽声，心里很不是滋味。特别是半夜的时候，总有那么一小段时间，父亲咳嗽得特别利害，看医生请专家，都没有什么好办法，都说是吸烟引发的气管炎症。大家都劝老爷子戒烟，老爷子说，要是让他戒烟，那还不如要他的命，还说，抽了一辈子了，不戒了，爱怎么样就怎么样吧。老人的意思是说，要是因为这个得了什么毛病也认了，反正是不戒，家里人因为这个也没少劝老人，但老人就是固执，不肯接受别人的意见。这位老师也跟着着急，她就想，用什么办法能让父亲回心转意呢？她就想，父亲最疼爱她了，一定不愿意让她难过。她就摸准父亲咳嗽的规律，一到父亲要咳嗽的时间，就跑到父亲住的屋子里，拿着水啊，纸啊，等在父亲面前。等到父亲咳嗽得厉害了，就一边侍奉父亲喝水、吐痰，一边哭，哭得很伤心。她这样尽心地服侍父亲，到半夜也不睡，只要父亲屋里有动静，马上跑到父亲的屋里，侍奉着父亲。看到父亲咳嗽，她就哭得特别伤心，一直坚持了一段时间。她的父亲一看她老是这样，有一天就说了："好了，我这个烟啊，以后再也不抽了！"大家想一想，为什么父亲会自己说这个烟以后不抽了呢？是的，他不希望自己的这个状态让女儿这样担心啊。她用自己的行为感动了父亲，从此不再抽烟。父亲配合着治疗，身体也慢慢地好了起来。

这位老师对自己的父亲是用心地孝顺，感动了父亲不再抽烟。对自己的公爹，也想方设法，让他戒烟。她的公爹也非常喜欢抽烟，儿女多次劝说，老人都不听劝阻。这位老师又想了一个办法，她用将近两个月的工资，为公爹买了一包香烟，找了一个公爹高兴的时机，送给公爹，并且诚恳地告诉公爹说："爸，您老想抽烟，做儿媳妇的，能理解，抽了一辈子的烟了，不抽，心里空落落的。但是，烟确实对人身体有很大的伤害，可是您又想抽，那就抽好烟吧，好烟那些有害的成分能少点儿，对身体的伤害程度相对来说少一点。”老人看着这位老师拿着的高价烟，当时心里就急啦，这么好的烟，那得多少钱啊，老人生性节俭，如果是自己来买，坚决不会买这么贵的烟的。这位老师赶紧又非常真诚地说：“爸，您就尽管抽，抽完了，我再给您买，以后我的工资就给你买烟。”这下，老人受不了了，急忙说：“哎呀，我老了老了，怎么还能这么不懂事呢，这么高价的烟，哪里是我们这个阶层消费得了的？好吧，从今后，我这烟哪，是不抽了！”老人为什么能够说出这样的话，也是心疼儿子、儿媳妇的原因啊，他是不希望自己给儿子、儿媳妇在经济上添负担啊！

从这个故事中，我们也可以看到，劝父母改过，也是一个很艰难、很智慧的过程，因为直接说，父母不见得会接受；不直接说，父母不见得明白。那就需要找到一个切实可行的切入点，想办法让父母能自己明白过来，改正错误。

孝子丧亲要哀伤

原 典 赏 读

【原文】

子曰：孝子之丧亲也，哭不偯，礼无容，言不文，服美不安，闻乐不乐，食旨不甘，此哀戚之情也。

——《孝经·丧亲章》

【译文】

孔子说：孝子的父母亡故了，哀痛而哭，不要哭得像是要断了气，不要让哭声拖腔拖调、绵延曲折；行动举止，不要讲究仪态容貌、彬彬有礼；言辞谈吐，不再考虑辞藻文采；要是穿着华美的衣裳，会感到心中不安，因此要穿上粗麻布制作的丧服；要是听到音乐，也不会感到愉悦快乐，因此不参加任何娱乐事情；即使有好吃的食物，也不会觉得可口惬意，因此不吃任何佳肴珍馐，这都是表达了对父母的悲痛哀切的感情啊！

慈风孝行

“孝子之丧亲也，哭不偯，礼无容，言不文，服美不安，闻乐不乐，食旨不甘，此哀戚之情也。”这段话强调的是一个孝子在丧亲之后的表现。

哭不偯——这个偯，是单人旁加一个哀痛的哀，这个字的意思就是拖着长音，哭到声断气绝的程度。丧亲的时候，一个孝子要用哭表示自己的悲痛，但是不能够哭到让自己上气不接下气的程度。

礼无容——不会刻意地去修饰自己的容貌。

言不文——说话也不会去刻意地选择一些优雅的词句来表达。

服美不安——如果穿着很美的话，会感到不安。

闻乐不乐——听到音乐之后，也不会感到快乐。

食旨不甘——吃到一些美味的食物，也不会感到可口。

之所以会有这样的一些行为，就是因为“哀戚之情也”，自己的亲人去世了，他的心中充满哀伤，没有心情在这些方面过多地关注。由此可以看出，儒家对于丧失亲人之后的这种哀痛是非常重视的，但是同时又有一些仪节方面的规定和要求，为什么会有这样一些规定？是出于培养健康人性的考虑，也是出于对在世之人的健康的考虑。

儒家所有礼制仪节的设计，从生理到心理都考虑到了对生者的保护，体现了不以死伤生的这样一种精神。尽管我们重视死者，重视已经过世的亲人，但是我们不能够因为这种重视，而给生者带来生理和心理上的伤害，所以儒家提倡在丧亲的时候“哭不偯，礼无容，言不文，服美不安，闻乐不乐，食旨不甘”。

“子欲养而亲不待”，这是一种永远都无法弥补的遗憾。所以在丧亲的时候，孝子最应该表现出来的，就是自己心中真正的悲伤和哀痛。以上的种种表现，都是人之情感的自然流露，但是如果自然的情感漫无节制地流露，可能会对孝子造成生理和心理上的伤害。

家风故事

史彦斌寻棺

史彦斌，元朝人，从小就有贤德与孝行。史彦斌的母亲去世的那一年，天降大雨，黄河水暴涨，形成水患。黄河中下游沿岸，大部分村庄和水田被淹没，河面上漂满了杂物，时常可以看到一些牲畜漂流而下，有时，还能看见毁坏的棺木。就在离史彦斌家不远的金乡和鱼台，很多坟墓都被大水冲坏了，这让逝去的人不得安息，也让活着的人痛心不已。史彦斌看到这种情况，他担心将来还会有这样的水患。于是，他选择了一个地势较高的地方，买了一副厚棺木，在棺木上钉了四个大铁环，又在棺木上刻上“邳州沙河店史彦斌母柩”的字样，以便将来遭遇水患，棺木万一遗失，易于寻找和辨认。

这样做好了充分的准备，才将母亲入葬。第二年，果然黄河又有水患，而且比去年的水患还要严重，大片的土地被淹没，洪水所到之处，满目疮痍。天灾不可免，史彦斌母亲的灵柩在这次水患中不知道被冲到了什么地方。但史彦斌相信，棺木还是完好的。因为他曾在上面钉了四个大铁环，而且上面刻着字，很好辨认，所以他决定去寻找母亲的灵柩，让母亲得以安息。

那时洪水尚未消退，他先是沿着黄河堤岸向下游走，仔细查看河岸边的淤积物。他还向河岸边的村庄打听有没有人看到母亲的灵柩，人们都说，发大水的时候，河面上满是杂物，已经辨认不出什么东西了。史彦斌就这样找了半个月，但一无所获。这时洪水已经消退了很多，于是他就找了一条船，漂流而下，走一会儿就停下来，继续查看河边的淤积物。有时他还要上岸去离河岸很远的地方查看，因为水患把那些地方都淹了，也有很多的淤积物，但仍然一无所获。

连日寻找却一无所获，让史彦斌伤心欲绝。母亲不得安息，儿子有何面目存活于世。他呆呆地坐在船头，看着浑浊的河水，忽然看到一个旋涡，他真想纵身跃入旋涡。这时他又看到旋涡旁边有一些稻草在打着回旋，任凭那旋涡怎样旋转，也无法将那些稻草吞没。看着这一场景，史彦斌想到了一个办法。他把那些稻草打捞起来，扎缚成草人的样子，然后把它扔进水里，仰天大呼："苍天可鉴，母亲的灵柩被大水冲走，不知道现在何处，只愿苍天可怜我的寻母之心，现在我将这草人扔入江中，希望这草人能带我寻到母亲的灵柩！"说完，眼泪滂沱而下。随后，他继续划船，跟着这个草人四处飘荡，又找了十来天，行走了大约三百里，草人终于在一片桑树林中停了下来。史彦斌赶紧在这片桑树林中寻找，果然，母亲的灵柩就在这片桑树林中。棺木上那四个铁环赫然可见，那段镌刻的文字虽然模糊但仍然可识。于是，史彦斌得以将母亲的灵柩载回去，重新安葬。

不要嫌弃父母

原典赏读

【原文】

犬不嫌家贫，子不嫌母丑。

——释梵琮·《偈颂九十三首》

【译文】

狗不会嫌弃家里的穷困，子女也不应该因父母的丑陋而心生嫌弃。

慈风孝行

父母总是无微不至地照顾我们的生活与学习，然而有些人却觉得父母老了、丑了。特别是极少数青少年学生，他们不让父母到学校来，不让父母出现在同学们的面前，因为他们觉得父母给自己丢脸了，在他们的心里已经嫌弃父母了。可以想象，这些人长大了，他们会孝顺父母吗？

永远都不要嫌弃自己的父母，因为是他们把你带到这个世界上，是他们让你有机会看到、听到、感受到这个多彩的世界。

永远不要嫌弃你的父母行动迟缓，因为你永远想象不出你小的时候他们是如何耐心地教你走路。

永远不要嫌弃你的父母一再重复述说着同样的事情，嫌他们唠叨，因为我们都记得在小时候他们一遍又一遍地讲着同样的故事，只为让我们静静地睡着。

永远不要嫌弃你的父母学不会电脑，不会用手机，因为你永远不会知道在你小的时候他们是如何不厌其烦地教你认字，教你怎么拿笔。

如果父母腿脚不听使唤，让我们扶一把，就像小时候他们扶你一样；如果父母以不能自己吃饭，让我们喂他们进食，就像小时候他们喂你一样。

永远不要嫌弃你的父母不会穿衣服或是身上脏兮兮的，因为你应该知道他们是怎么样一遍一遍教你穿衣服，每天不管我们多调皮，把衣服弄得多脏，他们都耐心把我们打扮得干干净净。

如果父母寂寞地待在家里，让我们腾出一点时间来陪陪他们，我们做的这些只是应尽的义务，而父母却不忘用微笑和始终不变的爱来回报我们。愿天下所有有孝心的子女感悟如何侍奉父母，不要让自己留下遗憾。

家风故事

裴秀敬重生母

裴秀，字季彦，西晋时期河东闻喜人，他的父亲裴潜曾在曹魏时期担任过尚书令。裴秀是父亲的小妾所生，这个小妾身份卑微，常常受到正室宣氏的歧视，但是裴秀从来没有因为这个不孝顺母亲，相反，他从小就聪明好学，而且对母亲的服侍十分周到，因此大家都知道裴秀的母亲有个孝顺的儿子。

有一次，宣氏在家里大宴宾客，宣氏又想给裴秀的母亲难堪，故意让她为客人上菜，但是大家一看竟然是裴秀的母亲在为他们端菜，都纷纷站起来，接过饭菜，并对她行尊重之礼，裴秀的母亲感到很欣慰。

而躲在后面屏风里的宣氏看到这个情况十分不解。因为裴秀母亲的身份如此卑微，实在不应该受到如此的礼遇和尊重。后来，她终于明白这些宾客这么做是因为裴秀的孝道让他们尊重。宣氏也感动于裴秀是个孝子，从此再也没有轻慢过裴秀生母。

后来，裴秀凭借着自己的才华和高尚的情操，一直做到尚书令，并且被封为济川侯，成为西晋时期的一代名臣。

在封建时代，小妾身份低微，但是裴秀丝毫不嫌弃自己的母亲，反而用实际行动使母亲得到了众人的尊重，这种孝心值得很多人学习。

照料瘫痪母亲

张会军，甘肃人，一个略显消瘦的中年人。在其人生的三十多个年头里，十几年的光阴是与患病瘫痪的母亲相伴而过的。他守在母亲身旁，给予母亲悉心的照料，用自身的行动说明了“这只不过是一个儿子应该做的”。张会军的母亲郭兰英，在1989年那年经常感到腿疼、四肢麻木，最终被确诊为“湿寒症”，只能靠药物来维持生命、减轻痛苦，没有办法完全治愈。在那段时间里，看着爸爸张复林往返于单位与家之间，照顾生病的母亲，做饭、煎药、料理家务，奔波劳累，张会军有些不忍。1993年初三毕业会考后，张会军就决定放弃读高中的机会，留在家里照料母亲，但是由于受到父亲的严厉斥责，而放弃了这个想法。而三年后的高考时，张会军还是把照顾久病的母亲、减轻父亲的负担放在第一位，放弃了高考，毅然决然地回到家里，做起了母亲的“全职陪护”，这一做就是十几年。

给母亲洗脸、梳头、穿衣、做饭、喂饭、煎药、喂药，每隔几天还要给母亲洗头、洗脚、擦洗、按摩手脚四肢，背着母亲进进出出、陪母亲说话解闷，十几年如一日地照顾行动不能自理、大小便失禁的母亲，还为母亲设计了合理的进食时间与最有效的进食方式等。在张会军的悉心照料下，母亲的病情比以前有所好转，有时还能独自坐住一会儿，用一些或长或短的“嗯”“啊”之类的发音来表示自己的需求。母亲病情的好转，给了张会军莫大的安慰。

在人们因张会军的事迹感动落泪时，张会军却认为自己所做的是任何一个子女都能做到的事，认为他所做的这些事都是些平常事，没什么特别的。

2006 年，张会军被西峰区委、西峰区人民政府授予“全区十大孝子”称号。张会军十几年如一日地照顾病患母亲的感人事迹，之所以令人感动，就在于他十几年的坚持。

学会让父母开心

原典赏读

【原文】

孝子之养也，乐其心，不违其志。

——《礼记》

【译文】

孝子的孝心体现在让被孝敬的人快乐，不要做违背他意愿的事情。

慈风孝行

这个世界上最疼自己的人就是父母了，让他们开心是做子女的责任，做什么可以让父母开心呢?

做出成就让父母自豪。炫耀自己的孩子是父母的天性，都喜欢夸自己的孩子好，尤其是听到别人赞美自己孩子的时候心情尤其好，所以，做一个让父母为你自豪的人吧。

带他们去旅游。趁着他们还年轻的时候，带着他们去看看这个世界，等以后他们老了走不动的时候，就来不及了。

一起去拍全家福。每年都拍一张全家福，看看父母和自己的变化。

找到自己的幸福。你的幸福对父母来说就是最大的幸福。

家风故事

老莱子学小儿

老莱子（约公元前 599 年—约公元前 479 年），春秋晚期著名思想家，“道家”创始人之一。楚国人，出生于康王时期，卒于惠王时期，著书立说，传授门徒，宣扬道家思想。

下面这个故事出自《艺文类聚·孝引列女传》。

在一个开阔的小院中，坐着三位老人，其中两位老人看起来年龄已经很大了，头发白得像雪一样，脸上满是皱纹，牙齿也掉得没剩几颗了。另一位老人看起来稍微年轻些，不过看那花白的头发，手臂挥动时颤颤巍巍的样子，只怕也快 70 岁了。

这三位老人坐在一起聊天，天色渐渐地暗了下去，其中年长的一个老人说着说着，忽然掉下眼泪来，他看着快要落山的夕阳，长叹道：“人生不过百年，我们都这么大年纪了，说不定哪一天就像这太阳一样，落下山去，到时候我们埋在土里，什么都不知道了。想一想都觉得可怕啊。”另外一个老婆婆听了，也流泪了。年轻一点的老人不知道说什么好，看着两位老人的悲伤样子，他心中十分难过，于是吃力地站起身，走回屋中拿出一个鸟笼。鸟笼中有一只八哥，八哥蹦蹦跳跳个不停，年轻些的老人强作笑颜，逗着八哥给另外两位老人看，他说一句话，八哥就学一句。那两位老人看见可爱的八哥，心情好了很多，也就忘记了刚才的话题。

这年轻些的老人就是老莱子，而另外两位老人则是他年迈的父母。老莱子是春秋时期楚国的隐士，因为当时天下动荡不安，诸侯互相征伐，战争不断，老莱子就带着父母到蒙山这个地方躲避战乱，过起了隐居生活。隐居的生活平静安乐，老莱子极为孝顺，虽然他自己也上了年纪，行动不便，但是为了照顾父母，他仍然忙里忙外。每天天还没亮，老莱子就起床为父母准备早饭，没事的时候就陪在父母身旁，和他们聊天解闷。他的父母最害怕的就是年老将死，所以老莱子和他们说话，从来都不说自己老，甚至都不提“老”这个字。他为了让父母不无聊，费尽心思捉来了一只八哥，每天逗鸟给父母看。

可是时间一长，老莱子的父母就对八哥没什么兴趣了，看着儿子都一大把年纪了，他们又开始长吁短叹起来。老莱子看在眼里，急在心头：父母这么大年纪了，怎么能让他们每天忧愁呢？他干活的时候也想，睡觉的时候也想，终于有一天，想出了一个好主意：如果我穿上鲜艳的衣服，学孩子的神态动作，这样父母就不会觉得我老了吧？

这一天，老莱子的父母照常起床，等到老莱子端来早饭的时候，他们忽然眼前一亮。只见老莱子穿着五彩斑斓的上衣、花花绿绿的裤子，最有趣的是他走起路来还蹦蹦跳跳的，像孩子一样摇着头，一下子好像年轻了好几十岁。老莱子的父亲问他说：“你今天为什么穿成这个样子啊？”老莱子回答说：“我这样穿是为了让父亲知道，我其实并没有老，而且就算年老了，也一样可以有颗年轻的心，过着快乐的生活啊！”老莱子的父母看了以后，非常高兴，也明白了儿子的苦心，再也不轻易地唉声叹气了。

老莱子就这样穿着亮丽的衣服，装作小孩的样子，在父母身边哄他们开心。一次，老莱子从外面提着两桶水进屋，由于水桶很重，他的年纪也大了，力气大不如前，一不留神，竟然滑倒在地。两桶水哗地一下，全都浇在了老莱子的身上，他的父母看见以后，十分心疼，互相搀扶着赶过来，想要把他扶起来。老莱子不忍心见父母难过，竟然装作小孩似的大声哭闹起来，一边哭一边还在地上打滚，直滚得满身都是泥水。老莱子的父母当然知道这又是儿子在哄他们呢，可是看见此情此景，还是忍不住哈哈大笑起来。

老莱子为了让父母高兴，竟然装作小儿，他的父母逢人就夸赞他的孝心，从此以后，他的孝行广为流传。

第三章

养家风：孝子应当育孝心

中国的孝不是空洞的口号，而是切切实实的行动，比如《孝经》就很详细地说明了一个人在家如何做到孝，外出如何做到孝，出仕时又该如何做到孝。至于我们现代人，由于缺少孝的培养，很难做到真正的孝，我们通常自以为的孝不过是古代的皮毛罢了。

身体发肤，受之父母

原 典 赏 读

【原文】

身体发肤，受之父母，不敢毁伤，孝之始也。

——《孝经》

【译文】

人的身体四肢、毛发皮肤，都是父母赋予的，不敢予以损毁伤残，这是孝的开始。

慈风孝行

人的生命只有一次，是父母给我们活着的机会，面对生和死的选择，只要良心不亏，便要活下去。活着便是一种幸福，一种资本，一种最大的享受。因为只有活人，才有资格谈论将来，谈论梦想，谈论虽然短暂却可以充实人生，更有机会孝顺父母。

生不仅仅是为了自己，更是为了自己的父母，是对家的责任。所以当我们遇到困难想轻生的时候，想想自己含辛茹苦的父母，就知道自己的想法有多么愚蠢了。

可是，在如今的社会中，我们在电视、报纸、网络上经常看到的是很多人轻生就死的新闻，其中还不乏青少年。这些轻生的人，要么因为遭受了失败的打击，要么有着惨痛的经历，要么因为感情、学业、压力而放弃了自己的生命。面对这种可悲的行为和举动，我们只能感到无限地惋惜。

张中行先生曾说："生是一种偶然，由父母至祖父母、高祖父母，你想，有多少偶然才能落到你头上成为人。上天既然偶然生了你，所以要善待生，也就是要善待人。"也许，有轻生念头的人会认为自己的死亡能换来真正的解脱，其实不然。一个轻生的人，逃避了他所应尽的责任，虽然他从死亡中摆脱了痛苦的纠缠，然而他的死却将更大的痛苦带给了他身边的亲人和朋友。自己所谓的"解脱"，换来的只是众人止不住的眼泪与心中永远的阴影。

生命一旦失去了，就再也回不来了，生命没有了，就再也看不到我们的父母了。所以说活着是最好的，对于父母来讲也是最幸福的。

是的，活着就是莫大的幸福，为了父母我们也要好好地活下去，其实我们根本没有资格谈论死亡，但凡一个孝顺的人都不会拿人身安危来开玩笑。所以我们要积极地对待生活中的每一天，为了自己，更为了父母，好好地活着。

古往今来的孝子都特别注意爱惜自己的生命，不仅仅是因为求生的本能，也是因为要以完好的身体向父母交代。

据说古代宋国有个人特别孝顺，在父母生前，他每日都尽心尽力地奉养父母；父母仙逝之后，他因为过于哀伤，导致形销骨立，十分消瘦。大家看到他憔悴的模样，都纷纷称赞他的孝心。这件事传到了宋国国君的耳朵里，国君被这个人的孝行感动，于是赏赐了他很多财物银两。

这件事情被传开之后，许多人也想得到国君的赏赐，于是纷纷仿效那位孝子的样子，故意毁伤自己的身体，有很多人竟然因此而死。这些效仿者的行为实在是大错特错：一则皇帝犒赏孝子，是因为他真诚的孝心，如果众人想要模仿，应该是模仿孝子的孝心才是；二则"身体发肤，受之父母"，为了财物而毁伤自己的身体，违背了孝的本意，与孝子的行为南辕北辙。自然，他们这样做也得不偿失。

家风故事

珍惜父母赐予的生命

有个老人一生十分坎坷，年轻时由于战乱几乎失去了所有的亲人，一条腿也在一次空袭中被炸断；中年时，妻子也因病去世了；不久，和他相依为命的儿子又在一次车祸中丧生。可是，在别人的印象之中，老人一直爽朗而又随和。有一次某个人终于冒昧地问："您经受了那么多苦难和不幸，可是为什么看不出一点伤感？"

老人默默地看了此人很久，然后，将一片树叶举到那个人的眼前说："你瞧，它像什么？"

那是一片黄中透绿的叶子。那个人想，这也许是白杨树叶，可是，它到底像什么呢？

"你能说它不像一颗心吗？或者说就是一颗心？"

那个人仔细一看还真的十分像心脏的形状，心不禁轻轻一颤。

"再看看它上面都有些什么？"

老人将树叶向那个人凑得更近了。那个人清楚地看到，那上面有许多大小不等的孔洞。老人收回树叶，放到了掌中，用那厚重的声音舒缓地说："它曾遭受过狂风的摧残，它也曾在春风中绽出，它被雨无情地拍打，但它也在阳光中长大。从冰雪消融到寒冷的深秋，它走过了自己的一生。这期间，它经受了虫咬石击，以致千疮百孔，可是它并没有凋零。因为他要为自己的母亲而活，那就是树。无论世间对他摧残得多严重，但他都爱惜自己的生命，因为树给了他生命。我虽然失去了很多，但是我一定要好好地活下去，珍惜父母赐予我的生命。"

人的生命只有一次，它是父母给予我们的，无论我们是否与父母一直走下去，父母的愿望就是让自己的孩子健康地成长。因此，我们需要更加爱惜自己的身体。

立身行道才是孝

原典赏读

【原文】

立身行道，扬名于后世，以显父母，孝之终也。

——《孝经·开宗明义章》

【译文】

人在世上，遵循仁义道德，有所建树，显扬名声于后世，从而使父母显赫荣耀，这是孝的终极目标。

慈风孝行

“立身行道，扬名于后世，以显父母，教之终也”要求我们做到自立、自强。自立、自强是自爱的行动，人要发展必然要自立、自强。同时，成为一个自立、自强的人是父母对子女的殷切希望。每一个成年人都应该自觉增强自立意识，孝子更应该做到这一点。孝子不仅要做到自立，更要做到自强，为实现自我价值而奋斗不息。不可否认，这句话有些功利化，但是如果在孝的实践中真的做到这一点，那么客观上确实有利于自我价值的实现。天下的父母无不是望子成龙、望女成凤的，子女能够在事业上有所成就，对他们来说是最大的欣慰。“立身行道”，才是真正的孝。

家风故事

杨文修为母尽孝

杨文修，南宋医学家。文修的母亲体弱多病。文修的父亲忙于农事，因而料理家务、服侍病人的担子，几乎都压在文修的身上。后来，母亲的身体更衰弱了，文修 10 岁那年，只好忍痛辍学，承担全部家事。但是，文修总想方设法挤时间，攻读经史子集等经典著作。16 岁那年，一年一度的秋考将要来临，父亲叫文修应试，也好弄个一官半职。但是，为了服侍母亲，文修决意不去参加考试。父亲发怒了，责儿子不思上进。文修哀求道："母亲病在床上，儿子怎可撒手不管，去谋求功名利禄呢?"父亲被文修的孝心感动了，便让他留在家中伺候母亲。

为医治母亲的病，文修经常奔波在医家与药铺之间。一个阴雨蒙蒙的下午，文修撮药回家，看见一个道士模样的人淋在雨中赶路。文修招呼他到自己的伞下同行，还跟他谈起母亲的病情。道士向文修传授了一个叫"神仙粥"的秘方，他神乎其神地说："亲子斋戒一日，割股肉半两，取糯米二两，用文火熬粥一碗，分三天服完，令堂之病即愈。"文修大喜。

第二天傍晚，文修走进书房，紧握利刀，照着屁股，咬钉嚼铁地割下一块盏口大的肉。顿时，血流如注，双腿发抖，一个趔趄痛倒在地上。大约半个时辰之后，他支撑着爬起来，忍着钻心的疼痛熬好粥，端给母亲服用。

三天过去，粥服完了，母亲的病却没有好转的迹象。又是三天过去了，母亲的病反而有加重的趋势，文修才认为道士的秘方纯属妖讹谎诈之说。从此以后，文修决心学好医术，为母亲治病。两个月后，文修的伤口愈合了，便买来一大批医药著作，诸如《诸病源候论》《四海类聚方》等。

正当文修准备学好医术为母亲治病的时候，母亲撒手人世，举家哀恸。母亲的坟墓准备建在附近桐冈山（在全堂村东侧）上，出于孝敬的意念，文修捧土筑坟。他日夜在山上劳作，躬着腰，用一抔一抔的黄土堆筑坟墓。十多天之后，一座坟墓居然出现在竹林中。乡亲们看见了，都十分惊奇，说文修的孝心感动了上苍，坟墓是一大群孝鸟帮他修建的。这无稽之言，却折射出乡亲们对文修孝行的赞誉。母亲入土之后，文修在坟墓右侧，建了三间草庐。以后，他住在草庐，一面守孝，一面攻读医书、钻研医术，为乡亲们除病，慰藉母亲的在天之灵。

文修的孝德传遍四方，知县要把他的事迹上报知府。文修婉言谢绝，说："侍奉父母是天经地义的事，为此，我连自己的身体也不顾了。连身体都不顾的人，还会顾名誉吗?"文修的高风亮节，让知县无言以对。

淳熙九年（1182 年），浙江发生饥荒，朱熹以常平盐事使的职位，视察浙东，莅临诸暨，听闻文修的孝德，便邀约文修在义安精舍（今枫桥镇中所在地）叙谈。朱熹是孔子之后的一代宗师，又比文修年长 9 岁，所以一见面，便以长者的身份，慢条斯理地对文修说："我记得《孔子家语》上，有几句孔子褒奖子路的话，说：'由啊，你侍奉父母，可以说是生时尽力，死后尽心哪！'这几句褒奖子路的话，褒奖你也是当之无愧的啊！故此，你可称得上是'浙东第一大孝'了！"文修连忙拜谢，跪在地上，说道："宗师过奖了，晚辈岂可与贤人相提并论，岂敢获此殊荣呢！"这一天，朱熹和文修谈孝道，谈医术，谈理学，也谈天文、地理，切磋琢磨直到傍晚时分。

嘉熙元年（1237 年），一代大孝、名医杨文修谢世，享年 99 岁。

忠孝之心行千古

原典赏读

【原文】

忠孝二德，人格最要之件也。二者缺一，时曰非人。人非父母无自生，非国家无自存。孝于亲，忠于国，皆报恩之大义，而非为一姓之家奴走狗所能冒也。

——《新民说·论国家思想》

【译文】

忠和孝都是一个人所应该具备的重要品德。如果一个人不忠或者不孝，就现在来说，很难把他当作一个人来看待。人没有父母就不能来到这个世上，没有国家则不能存活。对父母的孝和对国家的忠都是报答恩德所必须做到的大义，而不是走狗家奴之辈可以冒充的。

慈风孝行

什么是“忠”？把这个字拆开来看，就是心、中，中、心。就是把自己服务的人和自己要做的事放在心中，尽心尽力对人，尽心尽力对国。

自古忠孝相连，如果一个人忠心，那么他们会像孝顺自己父母一样忠于国家，以天下为己任。

家风故事

戚景通教子

戚家祖先戚祥跟随明太祖南征北战，立下赫赫战功，最后为国捐躯。明太祖特封他的后代到登州（今山东蓬莱）担任指挥佥事，并且世代承袭。

戚家将因家风严而闻名。第六代戚家将叫戚景通，文武全才，刚正不阿，被人誉为难得的好官。

戚景通任江南粮把总。一次，他押运粮食入太仓时因没有给仓官送财物，而遭到仓官的刁难。戚景通的部下张千户一向佩服戚将军，就送来300两银子请他用钱打通关节，避免灾祸。戚景通拒绝了："我因不愿违背良心才得罪赃官，若是收下你的银子，不也同样是违背良心吗？"后来，戚景通因此而丢了官。

官场上的厄运并没有让戚景通伤心，令他不如意的只是年过半百还膝下无子。1528年，夫人为56岁的戚景通生下了一个男婴。他激动地说："我为儿子取名继光，要他继承、光大我六代将门家风，前程无量！"

戚继光从小跟随父亲读书习武，10岁时，他就读了许多兵书，还能写出一些漂亮的诗文。

戚景通白发得子，自然钟爱异常，也对自己的儿子寄予了殷切的期望。戚继光少年时，父亲就经常给他讲，武将必须有舍身报国的高尚气节，打起仗来应有身先士卒的勇猛精神。他希望儿子将来能继承和发扬自己的事业，所以对戚继光的要求十分严格。

当戚景通告老返乡时，祖居的房屋已近百年，很是破旧。次年，他打算修缮一下，命工匠安设四扇镂花门户。工匠们对戚继光说："公子家是将门，请安设十二扇镂花门户吧！"戚继光向父亲提出了这个意见。戚景通严厉斥责了儿子这种图虚荣、讲排场的想法，说贪慕虚荣，连这点家业也会保不住的。戚继光虚心地接受了父亲的批评。

戚继光 13 岁那年订婚了，亲戚送他一双考究的丝履。戚继光穿着这双丝履走过庭前，戚景通看见了，十分生气地批评他："为将之道，文武双全。文要精熟韬略，足智多谋；武要临敌破阵，武艺高强。然而更重要的是为官清正、爱兵如子。从小不贪图富贵，将来才能和士兵同生共死。你这样做以后就势必要侵占士卒的粮饷，以满足自己的欲望。"最后，他还将丝履毁坏，不让戚继光从小养成奢侈享受的坏习惯。

戚景通不仅竭力制止儿子沾染坏习气，还十分注意把儿子往正路上引导。一次父亲问戚继光："你的志向何在?"

戚继光答："志在读书。"

父亲告诉戚继光："读书的目的在于弄清'忠孝廉洁'四个字，否则就什么用处也没有。"并命人把"忠孝廉洁"四个字写在新刷的墙壁上，让戚继光时时省览。戚景通教育儿子要忠于国家，孝顺父母，克己奉公，讲求气节，对儿子的成长起了很好的影响。

戚继光一面刻苦学习武艺，一面立志发愤读书，以求继承父业。三年过去了，戚继光博览群书，学业大进。15 岁时，戚继光就以深通经术闻名于家乡一带。后来，戚继光果然成为一位平定倭寇的民族英雄。

戚继光的成功离不开父亲的教诲，他以天下为己任，把国家当成这辈子唯一的信仰，这是忠，也是孝。自古以来，无论是君主，还是大臣都应以孝为先，努力实现天下为公。

岳飞孝母赴国难

岳飞是世人皆知的民族英雄，也是一位大孝子。岳飞的高洁品行和至孝，与父母对他的教育息息相关。父亲岳和为人乐善好施，遇上饥荒年月，他宁可自家人节衣缩食，也要把节省的粮食分给灾民。并且，岳和心胸宽阔，别人侵占他家耕地，他就割让给人；有人欠钱不还，他也不责难强要。据传，岳飞出生时，有只大鹏从他家飞过，所以取名"飞"。岳飞还未满月时，遇上黄河决口，滔滔洪水吞没了他的家乡，母亲抱着他坐在瓮缸里，漂流了几天几夜，才得以活命。人们为之称奇。

尽管家境贫困，但岳飞自小勤勉好学。岳母是一位慈爱贤德的好母亲，含辛茹苦地抚养岳飞。俗话说“寒门出孝子”，岳飞对母亲也十分孝顺，从来不惹母亲生气。7岁时，母亲开始教他读书写字。没有书，母亲到大户人家去借；缺少纸笔，母亲就以木棍为笔，以沙地为纸，教他写字。岳飞学习努力，每天除了捡柴，帮母亲做家务外，余下时间就是勤奋学习，锻炼身体。读书使人明智，锻炼使人强壮，岳飞渐渐长大成人。

岳飞天生力大，未满20岁就能挽三百斤硬弓，发八石强弩。后来父亲请当地有名的武师周同教岳飞射术，岳飞勤学苦练，学会了左右开弓射箭。周同去世后，岳飞在每月的初一、十五都去祭拜。当地人都称道岳飞知恩必报、孝顺知礼，而父亲也赞许他：“有朝一日为世所用，一定会守忠义、为国殉难。”

岳飞在当地的名气越来越大。有一天，有个太湖匪徒慕名带着大量金银珠宝来拉拢他。面对足以让父母和自己享乐一生的财物，岳飞毫不动心。他把金银珠宝原封不动地全部退回，客气地送走此人。母亲也深为儿子这种“富贵不能淫，贫贱不能屈”的高尚品格自豪。为了激励儿子，岳母把岳飞叫到祖宗牌位前，让他跪下，说：“现在金兵南侵，国家有难，我知道你是个孝顺儿子，但国难当头，人人都有责任啊！好男儿志在四方，你一定知道该怎么去做。”说完，岳母让岳飞脱去上衣，亲手在岳飞背上刺下“精忠报国”四个大字。岳飞深知母亲的良苦用心，把这四个字和母亲语重心长的一席话铭记在心中。不久便在家乡组织了一支义军，离开家乡抗击金兵去了。

岳飞和岳家军作战勇敢，多次打败金兵的进攻，挫败了金人南下的企图，致使金兵闻风丧胆，发出了“撼山易，撼岳家军难”的哀叹。岳飞也很快成为抗击金兵的一代名将。

戎马生涯中，岳飞仍然时时惦念着母亲。他跟金兵作战时，母亲随逃难的人群，流落到河北。岳飞闻讯，立即派人去河北找回母亲，他把母亲接到安全的地方竭力孝敬。母亲病了，他亲自侍候，端水拿药，衣不解带，一刻也不离开母亲身边。母亲病故后，岳飞一连三日不吃不喝。

岳飞不忘父母的教诲，率领岳家军抗击外敌入侵，收复河山，救百姓于水火，战功卓著，却受奸臣秦桧陷害致死。岳飞成为名垂千古的民族英雄，他的事迹激励着一代又一代的仁人志士，后人称他是真正千古流芳的忠臣孝子。

俗话说："自古忠孝不能两全"，但像岳飞这样，把对母亲的孝融化到对国家的忠之中，这不是更高意义上的孝吗？

学会是非分明

原典赏读

【原文】

故贤圣之君，博观始终，穷极事情，而是非分明。

——《汉书·刘向传》

【译文】

因此，圣贤的君王，无不全面地探究事物的始末，对事情穷究到底，这样才能是非分明。

慈风孝行

孝的理念里，有一项最基本的品质，就是是非分明。是非分明的人时刻都会坚守自己的原则，不管对方是谁，他们都能公正地对待，而不是像那些溜须拍马的人，一见了比自己强大的人就忘了自己的原则。在人格上平等才能在精神上对话，这是求真务实的人一贯尊崇的理念。

有人说，孝顺只要孝顺父母就行了，不需要是非分明。然而，如果没有这种品质，那么孝从何来呢？是非分明是明辨是非的能力，如果我们不具备这些能力，那么就会有愚孝、不正当的行孝等行为。所以，作为孝子，我们应该具备明辨是非的能力。

家风故事

明辨是非的朱元璋

明朝初，明太祖朱元璋为了争取西北少数民族，洗涤元朝残余势力，决心通过用内地的茶叶同西北的马匹贸易，以增强双方的了解，加强合作和团结。这时，正值初夏，南方新茶吐翠，北方牛马肥壮，正是茶马贸易的好时候。商人们纷纷把南方生产的茶叶运往西北游牧民族地区高价出售，然后，又将西北地区的马匹运回南方地区赚钱。这些不法商人的违法活动，严重影响了明朝和西北少数民族的团结和国家的利益。为了保护国家和合法商人的正当利益，朝廷于洪武三十年规定严禁贩运私茶，对违反此规定的不法商人“置以重法”。布告下发后，朝廷内外都很震惊，不法商贩的走私活动大为收敛。但还是有一些胆大妄为的商人，目无法纪，继续贩运私茶。于是朝廷在茶马贸易的交通要道兰州黄河大桥上设立关卡——巡检司，查验税证，严查不法商人贩运私茶，偷逃国税。对证据确凿者，不但没收财产，而且“置以重法”。

然而，当朝驸马、皇帝朱元璋的女婿欧阳伦却依仗着后有靠山，胆大妄为，他认为这些禁令都只对那些一般商贩起作用，而对他这个皇亲国戚不起作用。谁还敢杀他这个当朝驸马呢？于是就在朱元璋的禁令公布后，欧阳伦这个贪得无厌的家伙，仗着自己的权势，置国家法律于不顾，明目张胆地让地方行政长官给他低价收购茶叶，又命令管家周保将茶叶送往兰州，以高价卖出，从而继续贩运私茶，牟取暴利。他的马车每到关卡时，都以驸马的招牌打前阵，桥头巡检官都不敢管他，因而他的马车从未遇到过阻拦。

这天晌午，虽是初夏，气温却已升到很高了。站了一上午，桥头的巡检官早已是汗流浃背了，但他们认真地检查着过往桥头的车队。这时，一支有着五十辆车的商队来到黄河大桥的桥头，年轻的巡检官见状，上前拦住要查验税证。一个骑在马上的麻脸瘦子一听要查验税证，看了看这个年轻的巡检官后说："我的马队过这个桥时从来没有谁敢阻拦，更别说查验税证了。我看你是新来的，今天就教教你，我是当朝驸马的管家，叫周保，这个马队是驸马的，知道了吗？好了，不跟你啰唆了，让我过去。"说完，打马就走。

谁知这个巡检官笑嘻嘻地走过来说道："原来是当朝驸马的车队，这么大的马队送的东西，那一定是我们大家都没有见过的宝贝，让我来见识见识吧！"

瘦子周保瞪直双眼吼道："你瞎了眼，我看你是吃了豹子胆，驸马的东西你也敢看！"

巡检官把脸一沉，严肃地说："我的职责就是检查来往的车队，不管驸马不驸马，一律检查后方可放行，这是皇帝陛下的命令，谁敢违抗？"说完，推开周保，走到马车旁，开始检查。当查出是走私货后，他不畏权势，果断地对身边的士兵说："这五十辆马车全部扣留。"

周保大怒，骂道："狗胆包天，你是不是不想活了，好，看是你的嘴硬，还是我的鞭子硬。"说完，举起马鞭"噼噼啪啪"地朝巡检官身上抽去。其他士兵也被周保的随从团团围住。

巡检官拉住马车死不放手，周保怒不可遏，他一不做二不休，竟命人把巡检官的衣服扒掉，然后用鞭子使劲地抽，边抽边叫："看你放不放手，看你放不放手！"不一会儿，巡检官的前胸后背已到处都是横一条、竖一条的血口子了。

巡检官仍然不放，他愤怒地说："你这个仗势欺人的恶奴，你的马车今天休想过桥，除非把我打死在这桥头上，不然，只要我还有一口气，你的马队就过不了这座桥。"周保说："你想死在这桥头，好，今天我就……"正说着，欧阳伦赶到了桥头，他喝住了周保。原来，在周保举鞭抽打巡检官时，有一个家丁赶到欧阳伦那里，向他报告了桥头发生的情况。欧阳伦接到报告后，怕事情闹大，于自己不利，立即催马赶到黄河桥头。

到了晚上，欧阳伦先派家丁打听到这个巡检官的家，然后带着银子亲自到巡检官的家里，企图收买那个巡检官。他说："只要你不上告，我们的车队也不过桥了。你要是觉得这钱太少，你要多少我给多少。"巡检官反驳道："你是很有钱，但钱这个东西有好也有坏，钱使你这个朝廷的驸马目无法纪，带头违反国家的法令，损害国家的利益。钱使你的管家胆大妄为，行凶施暴。不将此事报告皇上，那我不是犯了欺君之罪吗？"

第二天，这位年轻的巡检官就写了一份紧急报告，向皇帝告发了这件事。这份报告很快就传到了南京明太祖朱元璋的手中。朱元璋看了这份报告，对女婿公然违反禁令，明目张胆地贩运私茶以牟取暴利，并无视国法，纵容管家殴打执法官员的行为十分生气，他想："元朝之所以被推翻，主要是朝中贪污腐败，如果不压制这种行为，打击贪污，惩办投机者，自己所建立的新王朝还是有被推翻的危险。"朱元璋本来就对贪官污吏十分痛恨，为了严惩这些贪官污吏，他曾下令：凡地方官贪污和投机者，百姓告到京城，情节严重者，一律处以死刑，并剥皮实草，挂在公堂两旁。什么是剥皮实草呢？朱元璋在外出视察一个县时，发现一个县官因受一奸商的贿赂而判那奸商无罪，朱元璋知道后，便下令把那县官和奸商都处死，为了警告其他人，就剥下他俩的皮塞满稻草挂在公堂上，使人一看到就心惊胆战，不敢重蹈覆辙。

现在，他的女婿公然违反禁令，这不禁使他火冒三丈。他下令道："火速逮捕欧阳伦，斩！"

朱元璋的女儿一听说父亲要斩自己的丈夫，大惊失色，急忙同母亲一起，来向朱元璋求情，她哭着说道："父亲，你不能杀欧阳伦，你要是杀了他，女儿不是成了寡妇了吗？难道你不爱你的女儿，要女儿守一辈子寡吗？如果你一定要杀他，那我也不想活了，你把我也一起杀了吧！"

朱元璋的妻子也说："你要杀欧阳伦，女儿如果有个三长两短，我也不想活了，干脆你把我们母女俩一起杀了吧！"

朱元璋厉声对妻子说道："你跟着闹什么，欧阳伦知法犯法，罪不容赦！"他转身又对女儿说："女儿啊，请你谅解你的父亲，父亲不仅是你的父亲，还是一国之君啊，如果我宽恕了他，不仅巡检官会不服，而且别人也都会效仿他的做法的，这样，天下岂不要大乱了吗？到那时，别说你当寡妇，就连你的性命也难保了。父亲杀他，也是为了大明王朝的利益。”说完，就在死刑命令上做了批示。

次日凌晨，欧阳伦就被押上刑场执行了死刑。不几天，那个仗势欺人的周保也被斩首示众。不久，朱元璋下旨，表彰了那位不畏强暴、秉公执法的巡检官，并提升了他的官职。

躬行勤俭和孝悌

原典赏读

【原文】

一粥一饭，当思来处不易；半丝半缕，恒念物力维艰。

——朱伯庐《治家格言》

【译文】

即使是一顿粥、一顿饭，也应当想到它来得不容易；即使是半根丝、半根线，也要想到劳作的艰辛。

慈风孝行

其实勤俭和孝悌联系非常密切，它们在人的生活中起着重要的作用。

首先，勤俭能给我们一个良好的物质保障，勤俭的人有一种坚持的意志和勇气，有一种持久的耐力去为了自己的理想而努力奋斗。勤俭能够让自己获得意外的收获，能够让家人的生活环境和生活条件得到改善，以更好地孝顺父母，能够让一切的事情朝着一个正确的方向发展，这才是最重要的。

其次，就是孝悌的问题了，孝悌是我们精神方面的保障。任何一个家庭都有他的家庭文化或者说家风存在，而勤俭这个良好的家风是我们一个和睦家庭能够长足发展的物质基础。否则，一切的努力也只是一个空空的躯壳，也只是表面的光辉和灿烂，而没有真正地能够让我们享受的家庭的温暖氛围，不就连家的最基本的意义都失去了吗？再多的财富、再多的成就不也就都没有任何的意义了吗？

可见，勤俭和孝悌能为我们营造一个温暖和谐的栖息地。家中的一切都有自己的付出和努力，家中的所有都铭刻着自己的爱心和维护。这才是我们生活的见证，这才是我们人生的正常轨迹，这才是我们的正途。

家风故事

隋文帝勤俭治国

隋文帝杨坚是中国历史上著名的贤君。他原是北周的丞相，辅助皇帝灭陈朝，统一了中国南北，战功显赫。后来，杨坚夺取了北周政权，自己称帝，建立了隋朝。

杨坚当了皇帝后，采取了比较开明的治国措施，废除先皇残酷的刑律，减轻老百姓的赋税和劳役。同时，他从自身做起，大力提倡节俭。

在古代，皇帝贵为天子。天子住的宫殿都是金碧辉煌、豪华无比的。至于吃的呢，当然是山珍海味、应有尽有；穿的就更不用说了。

然而，隋文帝住的宫殿，除了布置得比较整洁、雅致之外，毫无奢华之状。很多进过宫的大臣都感慨万分：皇帝真乃明君，节俭至极！

尽管这样，隋文帝还是觉得不够俭朴。有一回，隋文帝在宫中散步，偶然一抬头，突然发现宫中新换上的帐子钩是用白银制成的。他非常生气，马上派人把宫中管后勤的官找来责问道："你明知我一向痛恨铺张浪费，为什么还敢用白银作帐子钩呢？"

那个官员见隋文帝龙颜大怒，非常害怕，过了好半天才结结巴巴地说：

"臣子该死！可……可是臣子以为皇宫之中，这样的排场丝毫不过分。"

文帝一听，更是火上加油，大发雷霆般高声说道："宫中是崇尚浮华，还是崇尚节俭，事关天下风气和国家的安危，怎么能掉以轻心？讲排场能安邦富国吗？还不快点下去，把这些钩子给我拆下来！"

那个官员走后，隋文帝余怒未消。他环顾四周，发现宫中还陈列着很多珍贵的装饰品。这些装饰品绝大多数是地方官搜刮民脂民膏、巧取豪夺再进贡到宫中的，目的是求得文帝欢心从而得以高升。往常，隋文帝自以为宫中够俭朴了，今天仔细一看，发现居然还有这么多奢侈品，不由得长叹道："皇帝要想俭朴，真是难上加难啊！"

从此以后，隋文帝更加注意节俭了。他下令把宫中没有实际用处的装饰品全部拆除，一切要讲究节约、实用，还规定了皇室饮食、穿着的规格。宫中嫔妃，包括皇后在内，除了节日和宴会，平常不允许涂脂抹粉、穿戴华丽的服饰，违反命令的人要加以处罚。

这样几年下来，皇室里基本上形成了节俭的风气。即使有个别人生活豪华一些，也是偷偷地背着文帝的。后来，有一次文帝得了痢疾，医生配药时要用胡粉（即女人脸上抹的铅粉），便派人到后宫去取。由于后宫中上至皇后、下到宫女平常极少化妆，竟然找不到一点胡粉。

这件事情传出去后，满朝文武大臣无不震惊万分，那些原先生活讲究豪华的大臣，更是惭愧不已。他们暗想：皇帝都节约、朴素到这种程度，做臣子的再奢侈浪费，实在是太不应该了。于是，朝廷大臣们的生活也比以前节俭多了。

隋文帝以节俭自律，对于那些奢侈浪费之徒则是深恶痛绝。一旦他知道有谁生活奢华过度，超过他定的规格，就要严加处罚，甚至连自己的亲骨肉也一样。

文帝有五个儿子，除皇太子外，其他四个都分封在各地为王。其中有个儿子叫杨俊，被封为秦王，后来又被任命为并州总管。杨俊在平陈作战中英勇过人，功劳很大，文帝内心里非常喜爱他。

可是后来，杨俊居功自傲，生活越来越奢侈，早把文帝的告诫抛到九霄云外了。他不但大兴土木，为自己建造了华丽、气派的宫室，规模远远超过了规定，而且大放高利贷，残酷地剥削老百姓的血汗钱。结果，使得并州的老百姓民不聊生、怨声载道。

文帝知道这件事后非常恼怒，立即下令免去杨俊的官职。朝廷里的大臣都认为处罚太重，其中一个叫刘升的官员劝道："秦王除了生活豪华一些，并没有别的过错。望陛下念他初犯，就宽恕他吧！"

文帝毅然答道："我亲手制定的法律，谁也不能违背，违法者必须受到处罚！"

刘升还想替杨俊求情，可文帝脸色已变，不再理他。过了一会儿，开国功臣杨素也来劝文帝说："秦王的过错并不算大，更何况他是堂堂大隋皇子，不应该受到革职的惩罚。请陛下三思而行！"

文帝回答道："我大隋天下，皇子与百姓用同一个法律。如果依你所言，我是否还要再定一个皇子律？我主意已定，谁也改变不了，你就不要再多费口舌了。"

这话说得杨素羞愧难当。结果，杨俊还是被免去官职。

皇太子杨勇平素深得文帝宠爱，可是文帝对杨勇也同样严格。

有一次，杨勇搞到一袭蜀地出产的名贵铠甲后非常喜爱，就不惜重金请工匠在上边镶嵌了许多金银玉石，还满心欢喜地穿了去见文帝。

文帝见了，不但没有赞美他，反而教训道："从古至今没有因奢侈而能使国运长久的。你身为太子，应当首倡节俭的作风。"并且把自己过去穿得很旧的衣服送他一件，让他经常看看，防止奢侈。

然而，杨勇偏偏不争气，把父亲的话当作耳边风，生活照旧奢侈无比。而且，杨勇宠爱姬妾，和她们生下了许多孩子。这样，文帝逐渐地对他失去了信任，后来就颁旨把杨勇废黜了。

当大臣们替杨勇求情时，隋文帝义正词严地说："王子犯法应与庶民同罪，我若连亲骨肉都管教不好，又怎么能治理天下呢？"

隋文帝作为一国之君，做了很好的节俭务国的表率，从而使节俭蔚然成风，国家一天比一天兴旺发达。从此，他得到广大人民的称颂和爱戴。

据史书记载，在隋文帝的感召下，当时一般士人都不用丝绸做衣服，饰带也非常俭朴，不用金玉。内外亲疏，积久成习。短短20年时间，就出现了“仓廪实，法令行”的民众欢娱、欣欣向荣的治世局面，被后人尊称为“开皇之治”。

隋文帝不但节俭，同时他也是懂得感恩的皇帝，对于他的养母，他立塑像广颁于寺庙中。在国家的管理中，他也力行孝道。

孝子应当讲诚信

原典赏读

【原文】

以信接人，天下信之；不以信接人，妻子疑之。

——杨泉《物理论》

【译文】

用诚信待人，那么天下的人都会信任他；如果不以诚信待人，那么就算是他的妻子儿女也会怀疑他。

慈风孝行

所谓诚信，其实就是诚实守信，用更通俗的话说，诚信就是实在、不虚假。诚信是一个人的美德，有了诚信，一个人就会表现出坦荡从容的气度，焕发出人格的光彩。自古以来，诚实守信就是一种人性之美。可以说，诚信的品格是获得成功的第一要素，历来为成功人士所尊崇。

那么我们如何才能做到诚信呢？以下是孝子们的几点原则，可作为参考。

首先，良好的习惯是一个人交友时所需要的一种可贵的资本。有良好习惯的人远比那些沾染了各种恶习的人更让人乐于接近。有很多人，就是因为有一些不良习惯，使得别人始终不敢对他抱有信任之心，因此也无法和他继续交往。那些沾染了各种恶习的人，自己是不太清楚的，但那些与他交往、产生业务往来的人却看得很清楚，因为他们大多是很看重这些问题的。

其次，必须事无巨细，“言必信，行必果”。常言道，“君子一言，驷马难追”。就是告诉我们要注意自我修养，做事、承诺必须恳切认真，树立起良好的信誉；应该随时设法纠正自己的缺点；行动要踏实可靠，做到言出必有信，与人交往时必须诚实无欺——这是获得别人信任的重要条件。

再次，给自己储藏一份让人信任的资本。让别人相信你，相信什么呢？换句话说，你拿什么让人相信呢？条件只有一个：老老实实做出成绩来让人看，证明你的确是判断敏锐、才学过人、富有实干的人。一个才能平平的人把多年的储蓄都拿来投资到事业上，这是很好的事情，如果他在某一方面还有所专长，那他给人留下的印象更不知道要好多少倍。因为在这样一个企业和职业都专业化的时代，一个无所专长又样样都懂一点的人物，与那些在某一领域有所专长的人相比，竞争力总是差那么一点点。所以，如果一个人身上有一笔最可靠的资本——在某一领域有所专长，那么无论他走到哪里，都将受到格外的重视和信任。

最后，不轻易对别人许诺。平时一旦对别人有所承诺，就一定要恪守信用。这说起来简单，做起来却相当困难。只要稍有疏忽，就可能会失信于人。所以，要想做一个守信的人，就不要轻易许诺。在许诺之前应先对自己的能力做出正确的衡量，问问自己：“我真的能履行那些诺言吗？”如果不确定，那就不要拍着胸脯装硬汉，应该用“我尽力”“我试试看”来回答。

如果兑现不了曾许诺的事，或遇到了严重的、不可预见的困难，一时无法兑现承诺，就应该及时通知对方，这样可以避免不必要的误会。千万不要打肿脸充胖子，到最后丢掉了自己的信誉。应当负起责任来，主动采取补救措施，把损失降到最低，只有这样才会把失信于人的不良影响降到最低。

诚信是一个人的生存资本，只要我们树立起诚信的品牌，就一定会得到越来越多的支持和帮助，我们的工作和事业也会由此开创一个崭新的局面。

家风故事

闫敞诚信不欺孤

闫敞是东汉一位辅佐郡守的属官，他的职务虽然低微，但为人诚实可靠，很得他的上司——太守第五尝的信任。

不久，从京城洛阳传来一道圣旨：征调第五尝进京，另有委任。闫敞向太守表示祝贺后，就派人为太守收拾行李，准备太守全家搬入京城的事情。可是第五尝并不高兴，他认为自己的年纪已经太大，快要告老退休了，此时赴京，恐怕担不起什么重任。临行，他把闫敞叫到身边，说："谢谢你这些年忠心耿耿协助我办事，使得郡境安宁。现在我要赴京了，还有一件事我想只能拜托你办，才让我放心！"

闫敞说："府君有事尽管吩咐，我一定竭诚以赴！"

第五尝指着几个箱子说："这里装的是我几十年的积蓄，大约有 130 万五铢钱。我本想告老返乡时，用这些钱置办一些田产房舍，留给子孙。此番皇上调我进京，我想，这几个箱子没有必要随我进京，因此想寄存在你这里，以待需要时取用。"

闫敞说："我愿为府君效力！"第五尝离去之后，闫敞立即把箱子搬到自己家中，封存在一间屋子里。

时间一年一年过去，第五尝一去 10 年，竟杳无音信。闫敞守着这几箱五铢钱，不敢辜负第五尝所托，年年都要定期擦拭箱子，生怕锈坏箱内的铜钱。

一天，一个 20 岁左右的青年来敲门。闫敞问："公子有何贵干？"青年说："奉先祖父第五尝之命，前来拜见闫敞长者。"闫敞定睛一看，啊，果然是第五尝的孙子。离去的那一年，他只有 9 岁，现在已经长大成人了，怪不得一下子没认出来呢。闫敞急问："府君可好？"这一问，青年不禁潸然泪下，说："先祖父到了洛阳不久，全家患病，一一身亡，只剩我孤身一人了。先祖父临终之际，拉住我的手说：'你长大，一定要寻到闫敞老伯，我曾有所拜托。'那时我还小，直到今天才来找老伯！"

闫敞听了，拉住青年的手，打开那间存箱屋子的门，指着箱子说："你祖父托我办的事，就是看护这里面的130万五铢钱。全都在此，请你一一清点吧！"

青年睁大眼睛，说："祖父说的是30万五铢钱，不是130万啊！"

闫敞眼眶一红，说："听你这话，让我想到府君临终前病得多么厉害啊，连130万五铢钱都记不清了！公子啊，请全部拿去吧。不必迟疑了，你应当继承的，不是30万，而是130万啊！"

以诚待人，以信取人，是我们中华民族最为优秀的传统之一，孔子云"诚者，乃做人之本，人无信，不知其可"，韩非子曰"巧诈不如拙诚"。闫敞诚信不欺孤的故事教育我们不能轻易许诺，一旦许诺，就要努力兑现。如果我们失信于人，就等于贬低了自己。如果我们在履行诺言过程中情况有变，以致无法兑现自己的诺言，就要向对方如实说明情况并表示歉意。这与言而无信是完全不同的两件事，所以说树立诚信要从点点滴滴做起。

孝子应当真诚

原典赏读

【原文】

惟诚可以破天下之伪，惟实可以破天下之虚。

——薛瑄

【译文】

只有诚实可以破除天底下的虚伪，也只有实在可以破除天底下的虚幻！

慈风孝行

真诚，乃为人的根本，也是孝子最可贵的品质之一。那些取得巨大成功的孝子都有许多共同的特点，其中之一就是为人真诚。道理其实很简单，因为如果你是一个真诚的人，人们就会了解你、相信你，不论在什么情况下，人们都知道你不会掩饰、不会推托，都知道你说的是实话，都乐于同你接近，因此也就容易获得好人缘。

用真诚的心对待别人，你才无愧于别人，也无愧于自己。真诚的人，不会弄虚作假，所以他们可以敞开心扉，不怕别人质疑。真诚是一种自发、自愿的行为，真诚的心是透明的，没有杂质，它告诉身边的人：我没有撒谎，也没有伪装，我所说的和所做的都是自然情感的流露。真诚的人被别人误解了，也会伤心难过，但是至少对自己的心负了责任，无愧于自己。

当今社会，随着社会阅历的丰富，有些人变得越来越世俗，见什么人说什么话，表面上对人无比热情，可是暗地里从来没有真心。这些人以为自己伪装得很好，可是别人也不是傻子，怎么会看不穿他们的伎俩？虽然可能一时大意没有看穿他们，但是时间久了，自然会了解他们是什么样的人。

真诚对待别人，能使双方的心灵需求得到满足，使心灵的沟通达到一定的高度，而只有心灵的沟通才能真正产生信任。因此，打动人最好的方式就是真诚。

孝子在待人接物中都体现着真诚，他们无论对待家人还是外人，都以真诚的态度处世。因为他们知道，以诚待人能够在人与人之间架起一座信任之桥，能向对方的心灵彼岸靠近，从而消除猜疑、戒备心理，彼此成为家人或朋友。

人与人交往若是离开了真诚，就没有友谊可言，一个真诚的心声，才能唤起一大群真诚人的共鸣。我们待人接物时应秉持真诚的品性。只有这样，心灵才会美好，才会愉快生活每一天。

家风故事

真诚相待传美谈

羊祜，字叔子，是西晋名将，镇守襄阳。陆抗，字幼节，是东吴大将陆逊之子，统率大军在长江中游与羊祜对峙。

当时，西晋已灭了蜀汉，国力强盛。晋武帝司马炎意欲平定东吴，统一中国，派羊祜驻守荆襄，就是为了实现灭吴之志。羊祜在荆州组织士卒开垦田地，聚积了够吃 10 年的军粮；兴办学校，发展教育，甚得人心。

羊祜对吴国官兵以攻心为主。每次与吴军交锋，都要事先定好时间，堂堂正正地对阵，从不偷袭对方。有的部下献诡诈的计谋，羊祜就让他多饮美酒，喝醉了，也就不能再出歪点子了。吴军官兵，凡是前来归降的，一律不咎既往，来去自由。有一次，晋军抓住两个吴兵俘虏，羊祜一看，还是孩子呢，就派人把这两个娃娃兵送回了家。

吴军常常侵犯晋国边境。晋军进行反击，一般不超过自卫的限度。

有一回，吴军将领陈尚、潘景率兵侵扰晋境，遭到晋军围歼，陈、潘二将战死。羊祜下令用棺材装殓好，通知他们的子弟来迎丧，并以礼遣送。又有一回，吴将邓香侵掠夏口，被晋军生擒，羊祜亲释其缚，放他回去。

羊祜的部队行军路过吴境，收割当地的稻谷作军粮，都要统计好数量，给当地老百姓送去绢帛，作为报偿。羊祜喜欢打猎，每次率队出猎，都不超过晋、吴分界线。有时吴人打猎射伤的禽兽，跑到了晋军控制区内，被晋人擒获，羊祜都叫部下收拾得好好的，送回吴营。

这样，羊祜得到了吴人的爱戴，称他为羊公。

陆抗的处境可不太好。当时吴国的皇帝是昏君孙皓，奸佞弄权，阉臣干政。陆抗一方面要忧虑朝政，另一方面要对付羊祜。

公元 272 年，陆抗部下的一员大将步阐据守西陵（今武汉市东北）叛变，投降晋国。陆抗调各路兵马三万，攻破西陵，杀了步阐。羊祜率八万晋军策应步阐，终因水陆运输费时费力，加上陆抗占尽地利，所以劳师远征，无功而返。羊祜也因此受到降职处分。

战场上的厮杀，并没有影响羊祜和陆抗两人之间的相互倾慕和信赖。陆抗十分佩服羊祜的道德和气量，派人送去一坛好酒，以示友好。羊祜毫不怀疑地喝了下去。后来，陆抗由于操劳过度，身染重病。羊祜把自己配制的上等好药给他送去，并捎话说："这是我最近给自己配的药，还来不及服用。你的病比我急，就送给你吃吧！"

陆抗刚要吃药，部下诸将急忙劝阻，说："敌国将领送药，不怀好意，药里是不是有毒啊？"陆抗说："这是羊祜送来的药，他难道是用毒药害人的那种小人吗？"说罢就服下了药，不久，病也好了。

吴军官兵常常干一些滋扰晋民的坏事。陆抗对他们说："他们晋人专门施行仁德，我们吴人专门施行暴虐。这样下去，不用打仗就得被他们征服。"后来，吴军也效法晋军的做法。有时晋民的牛马越过边界线，吴军抓获后，也给晋民送回去。

在羊祜和陆抗两位儒将以诚相待的感召下，晋吴交界地区得以相安无事，人民生活也得到改善。他们都为实现中国的统一做出了贡献。

后人从羊祜和陆抗的范例中学到了很多东西。历史上许多名将都注意尊重敌方官兵的人格，爱护驻地防区的人民。

由此可见：真诚，具有永恒的力量。

身子不顾，人笑爹娘

原典赏读

【原文】

脚、手、头、脸，女人四强，身子不顾，人笑爹娘。

——吕得胜《女小儿语》

【译文】

女人要保持脚、手、头、脸干净整洁，以免别人笑话父母。

慈风孝行

穿衣打扮体现了一个人的精气神，一个人精气神有了，那么对生活与工作会有很多好处。而对于父母而言，穿着打扮更能让他们对于子女的健康与工作感到放心。

很多人因为忙或者认识不足，认为形象只是虚有其表的东西，“成大事者应该不修边幅”，结果，这些不重外表者在人生各种大大小小的竞争和博弈中屡战屡败，吃尽苦头却弄不清楚原因。其实，外貌也是一种生产力，它的价值往往超出了我们的想象。

试想，一个衣冠不整、邋邋遢遢的人和一个装束典雅、整洁利落的人在其他条件差不多的情况下，同去办一件事情，恐怕前者很可能受到冷落，而后者则容易得到善待。特别是到一个陌生的地方办事，怎样给别人留下一个良好的第一印象十分重要。世上早有“人靠衣装马靠鞍”之说，一个人若穿了一套好衣服，仿佛把自己的身价都提高了一个档次，而且在心理上和气势上增强了自己办事的信心。恰当的着装不仅给人以好感，同时还直接反映出一个人的修养、气质与情操，它往往能在人们尚未认识你或你的才华之前，就显露出你是何种人物。因此，在这方面稍下一点工夫，就会事半功倍。

良好的形象犹如一支美丽的乐曲，它不仅能够给自身提供自信，也能给别人带来审美的愉悦，既符合自己的心意，又能左右他人的感觉，办起事来信心十足。保持良好的形象，是一个人取得大成就必须注意的要素。

仪表清洁，既是对自己的尊重，也是对别人的尊重。一个仪表整洁的人，总是让人感觉良好；一个邋遢的人，只会给人留下糟糕的印象。

我们说尽孝先要爱惜自己的生命和名誉，给自己创造良好的发展空间，这些都不是空话，而应该落实到生活中来。

家风故事

陈志贵用形象挽救订单

有这样一件事：我国东北盛产大豆，以粒大、油多、脂肪丰富而闻名全国。改革开放初期，一大批农民企业家迅速崛起，陈志贵就是其中的一个。陈志贵以当地特产的优质大豆为原料，创办了一家豆粉饼加工厂。由于经营有方，业务很快就做大起来，不仅发展到了全国，还发展到了东南亚地区。

一天，陈志贵收到了一张来自香港的大订单，他亲自带领工人连夜加班，终于在规定的时间内完工，将货物发往了香港。几天之后，香港公司却打来电话，说货物“有质量问题”，要求退货。

陈志贵十分纳闷，自己的产品一向以质量过硬而赢得卓越信誉，况且，这批产品由自己亲自监工生产，怎么会出现质量问题呢？一定是其他环节出现了问题！陈志贵十分自信，他简单收拾了一下行李，立即飞往香港。

当西装革履、风度翩翩的陈志贵出现在香港公司的总经理面前时，对方竟然惊讶得张大了嘴巴。虽然还不明白退货的问题出在哪里，但感觉敏锐的陈志贵已从对方的细微变化中捕捉到了什么。

在之后两天的相处中，陈志贵不卑不亢、侃侃而谈，充分表现出一个现代企业家应有的气质和风度，最终不仅使“质量问题”烟消云散，还和那位总经理成了好朋友，成为长期的商业伙伴。但是“质量问题”始终是陈志贵心中的一个疑团，因为他和对方谈的多是企业管理和人生修养方面的问题，他们根本没有再提什么质量问题。直到多年之后，陈志贵向那位总经理询问，才得知真正原因。

原来，这批货是香港公司的一个部门经理向陈志贵订的，但在向总经理汇报后，总经理得知这批货是由中国农民加工生产时，脑海里凭空臆想出了一个农民形象。他顾虑重重，对那批货看也不看，就做了退货的决定。当形象良好、个性十足的陈志贵突然出现在他面前时，他才知道自己犯了个多么可笑的错误。

要有一颗宽容之心

原典赏读

【原文】

容人者人容，治人者人治。

——《处世悬镜》

【译文】

能宽容别人的人，别人对他也会同样宽容；整治他人的人，别人也会整治他的。

慈风孝行

人与人之间是相互的，你善待了别人，别人也会善待你。同样，你宽恕了别人的错误，别人也会宽恕你。人与人需要的是互相尊重，互相宽容与谅解，只有这样才可以和平相处，生活才会安乐与祥和。否则，一味想着如何整治别人，那么当你伤害他人的同时也就伤害了你自己。

人与人之间多一些宽容，任何事情都会大事化小，小事化了，人们都能够和平相处。同样，只要怀有一颗宽大仁爱的心，就会得到善意的回报。

家风故事

秦穆公宽容之心得回报

秦穆公是春秋五霸之一。他治国有方，处理政事井井有条。而且他很注意施恩布惠，笼络百姓。秦穆公养有一匹千里马，这匹良马是西方很远的少数民族进献给秦穆公的，因此他格外钟爱，不但给马新盖了马厩，而且给它配备了宝石马鞍，并专门派了几名马夫尽心尽力侍候它。

千里马长得膘肥体壮，但整天被关在马厩里，它也觉得发闷。有一天，一个马夫不小心，没把马厩门关好，千里马偷偷跑了出去，一会儿就跑到了城外。这时，一群饥饿的老百姓看见了它，围了上来。平时千里马整天有人侍候，没想到有人会伤害它，结果被饥民抓住了。这些老百姓已好几天没吃饭了，三下五除二将马杀了，熬成肉汤，狼吞虎咽地吃了起来。

马夫发现马丢了，大惊失色，连忙报告上司。上司一听，马上派人到处寻找。秦王喜爱的千里马丢了，那还了得！一旦秦王怪罪下来，谁也担当不起。但是，马是不可能找回来了。找马的人带着一堆马骨马皮，押着一群百姓，垂头丧气地回来了。

官吏问明情况，马上报告秦穆公。这些百姓竟敢吃国君的千里马，谁都认为死罪难逃，没想到秦穆公听后，沉吟了半晌，说："把他们放了！""可是，他们吃了您的千里马呀！"一个官吏说。秦穆公解释道："君子不能为了牲畜而害人，别为难他们了！"他又补充说："我听说吃过马肉而不喝酒，对身体不好。送些酒给他们，让他们走吧！"

过了几年，秦国发生饥荒，晋国乘机入侵，秦穆公率大军拼命抵抗。这时，有三百名勇士主动要求参战，原来他们就是几年前吃掉千里马的那群百姓。秦穆公被晋军包围，身上也受了伤，这时，勇士们护住秦穆公，拼死冲杀。晋军抵挡不住，开始后退，秦穆公乘机率兵追杀，结果不但转危为安，还大败晋军。秦穆公不爱良马爱百姓，关键时刻救了自己一命。

第四章

扬家风：兄弟姐妹要和睦

古人常说："入则孝，出则悌。"孝，指还报父母的爱；悌，指兄弟姊妹的友爱，也包括了和朋友之间的友爱。孔子非常重视悌，认为悌是做人、做学问的根本。悌不是教条，是有人性光辉的爱，悌的最佳表现就是兄友弟恭。

兄弟和睦也是孝

原典赏读

【原文】

兄道友，弟道恭；兄弟睦，孝在中。

——《弟子规》

【译文】

作为兄长要善待弟弟，而弟弟就应该尊重兄长；兄弟之间和睦相处，对父母的孝心就包含其中了。

慈风孝行

“兄道友”：兄，是兄长，泛指年龄大的哥哥姐姐，应友爱年龄小的弟弟妹妹，不能欺负、打骂他们。

“弟道恭”：弟弟妹妹则要恭敬哥哥姐姐，对他们要有礼貌，不能经常吵架、打架。长幼之间要互相友爱、和睦相处。

“兄弟睦，孝在中”：兄弟姐妹若能和合、没有争执，就不会让父母操心，整个家庭就会其乐融融，所以，子女和睦也是对父母的孝顺。

关于“兄弟睦”这个道理，历史上有很多故事：唐朝有位副宰相叫李绩，一次他姐姐病了，他就亲自照料她，为姐姐烧火煮粥时，火苗烧了他的胡须。姐姐非常不忍心，劝他说：“你的仆人、侍妾那么多，何必自己这样辛苦呢？”李绩立即回答：“您病得这么重，让其他人照顾，我不放心。您现在年纪大了，我自己也老了，就算想一直给您煮粥，也没有太多机会了。”李绩能这样对待自己的姐姐，实在是难能可贵。

在古代，人们把所有人都当作兄弟姐妹，我们现在虽做不到这一点，但至少也要与家人和睦共处。有人讲过："爱的感觉，是温暖；爱的语言，是正直；爱的心地，是无私；爱的行为，是成全。"然而现在的人，说还是这样说，但行为上却充斥着自私自利，助人的心少得可怜。

新加坡有一位许哲女士，她不分种族、不分宗教，凡是可怜的人都尽量帮助、护持。在她106岁时，一位记者采访她："您为什么对所有人都这么好，都要帮助？"她说："我哪里是帮助别人？在我眼里，他们都是我的兄弟姐妹。"这种理念，值得我们每个人深思与学习。

其实，孩童时代建立友爱观念非常重要。如果一个人小时候就懂得尊敬兄长、爱护弟妹，那他长大之后，跟同学、同事相处时，也会帮助并尊重别人。

家风故事

刘琎的尊兄之道

刘琎，字子敬，在南齐时代泰豫年间曾经当过明帝的挽郎，是一位非常有德行的君子。他学识渊博，为人谦恭谨慎、刚直不阿，与哥哥刘瓛都深为世人所尊重。

有一天晚上，刘瓛突然想到有一件事情要跟弟弟交代一下。于是就在隔壁房间叫着弟弟。他满以为弟弟很快就会回应，可是左等右等，却没有等到弟弟的回复，他感到特别奇怪，以前从没出现过这种情况。过了好一阵子，隔壁才传来了弟弟那毕恭毕敬的声音："哥哥，您有什么事情吗?"

哥哥感到十分讶异，于是就责问他说："我已经等了好久了，你怎么到现在才回答?"刘琎深表歉意地说："因为我的腰带还没有系好，穿得这么随便，就回您的话，是多么失礼的事情啊!我刚才在整理衣冠，所以才耽误了这么长的时间，实在是对不起。"

原来，当时刘琎已经穿好睡衣，躺在了床上。他一听到哥哥在叫他，就赶紧下了床，把白天穿的正式的衣服拿出来，迅速穿上，束好腰带，全身上下都收拾得整整齐齐，并毕恭毕敬地站好了之后，才给哥哥回话。

在中国古老的《礼记·曲礼》中开篇就这样说道：“曲礼日，毋不敬。”“毋不敬”就是指哪怕是任何微小的细节，都不忘恭敬谨慎的态度。所以听到哥哥喊自己的时候，为什么刘琎不先回应，然后再出来呢？因为他一心想到的就是，人一定要恭敬，无论别人是否看到。

我们想想，亲生兄弟是这个世界上关系最为亲近的人，卧室也不是会客的正厅，夜晚睡眠时间，更不是进退礼节需要十分周全的时候。在这种情况下，每个人都不想太过于拘束，所以自然而然地言语行为也会变得任意随便。

可是刘琎并不这样认为，他觉得自己连腰带都没有束好，全身也没有打理好，怎么可以随随便便就回哥哥的话呢？那是多没礼貌的事情啊!连小事都如此谨小慎微，当他身临大节的时候，不就更是毫不苟且了吗？从这件事中也可以看出，他对哥哥是多么敬重，兄弟二人的友爱之情，又是多么深厚。

朱显焚券

在元朝至元年间，有一位叫朱显的人。

朱显的祖父卧病在床，想到自己随时都会撒手人寰，于是他决定在自己弥留之际，将家产按等份分好，还立下了字据，把后事交代得非常妥当，不久便去世了。

英宗至治年间，朱显的哥哥也不幸过世了，留下了几个嗷嗷待哺的孩子，家里一片萧瑟凄凉，看了令人分外感伤。看到侄子们孤苦无依，朱显非常难过。因此，在日常生活中，他对侄儿的生活起居特别照顾，把他们看作是自己的亲生孩子一样，无微不至地关怀。

看到侄子们年纪还很小，还没有能力自立。如果就这样把财产均分，各奔前程的话，有谁能够关心这些孩子的教育呢？又有谁能在身边料理他们的生活呢？如果没有人帮助他们撑起这个家的话，往后的情形不敢想象。想到这里，他的责任感油然而生。

于是，朱显就对他的弟弟朱耀说："父子兄弟，本就同气连枝，不可分离。现在，哥哥已经离开我们了，他的孩子还很小，无论是情理还是道义上，我们都需要代替哥哥，来履行长辈应有的责任，把侄子抚养成人，让哥哥无后顾之忧。此外，如果没有长辈在他们成长的过程中进行监督的话，他们又怎能养成厚道善良的品质呢？所以我们是不是不要分家，全心全力来看护和照顾他们？"

平日，哥哥总是在默默地关怀年幼的侄子们，他那么真诚无私，弟弟被他深重的情义所感动。而今，哥哥又为了这些孩子，而决定放下这笔丰厚的遗产，让整个大家庭共同来分享。对哥哥无私的心怀，他由衷地佩服与敬爱。

于是，他们一同来到祖父的墓前，把祖父留下来的分产证明，全部焚毁。从此之后，这一家继续其乐融融地生活在一起，互相关怀照顾，和睦温馨。

人生最痛苦的事情就是在年少的时候就失去了父母。如果没有亲情的力量来维持家庭的温暖，那孩子如何心智健康地成长呢？在侄子们生活最为艰难的时候，如果还分家分财产，那是多么令人痛心的一件事？朱显焚券，不但是尽了兄弟应有的手足情义，也是对父母尽了最大的孝心。

互劝互勖互恭维

原典赏读

【原文】

此时之兄弟，实患难风波之兄弟，唯有互劝、互勖、互恭维而已。

——曾国藩《致沅弟》

【译文】

现在的时局正值多事之秋，这时的兄弟实属患难风波的兄弟。为今之计，唯有互相劝导、互相勉励、互相恭维敬思罢了。

慈风孝行

在这篇家训中，曾国藩对时局的忧虑，对自身安危的担忧，溢于言表。因此，一方面，他本人无时无刻不诚惶诚恐，战战兢兢，似乎大祸即将降临；另一方面又不厌其烦地提醒自家兄弟，彼此之间只有互劝、互勖、互恭维，才能免遭厄运。

家风故事

曾国藩睦弟

曾国藩在京为官后，几位弟弟也想一同去京城长长见识。曾国藩由于在京城尚未站稳脚跟，不能完全答应弟弟们的要求，只有九弟国荃和他在京学习过一段时间。四弟、六弟由于年纪轻不懂事，就和他产生了一些矛盾。在一段时间的“冷战”之后，弟弟们给曾国藩寄去一封长信，将心中的不满尽数说出。

曾国藩看完信后，心中既高兴又害怕，高兴的是看到弟弟们一心求学，害怕的是自己不能完全满足他们的意愿，会因此伤了兄弟之间的和气。他在信中对父亲说：“兄弟和睦，即使是穷困的小户人家也能兴旺；兄弟不和，即使是世代的官宦人家也会落败。孩儿深知这个道理，所以请父亲教导我们兄弟，时刻要把兄弟和睦摆在第一位。”

曾国藩出生在一个大家庭，兄弟众多，曾国藩一直都非常重视家人之间的和睦相处，作为一家的长子，他很注意做好表率。曾国荃在京读书时，有一段时间和他产生了隔阂，赌气不肯用心读书，只想着回家。曾国藩很着急，反观自己和夫人都没有怠慢之处，询问原因，九弟又不肯说。于是，曾国藩就赋诗一首，规劝九弟兄弟之间当以和睦团结为重。九弟看了之后，略有好转，但仍不肯用功。曾国藩只好写信告知父亲，把产生问题的根源归结为自己不能友爱兄弟，不能以高尚的道德和行为感化兄弟，后来在父亲的教导下，兄弟二人终于和好如初。

曾国藩与兄弟的相处之道，有一点非常可贵，那就是当矛盾产生时，曾国藩都能反思自己的过失，绝不对弟弟横加指责，而是把责任揽在自己身上，即便是面对诸位弟弟的无端怨恨和不情之求，也能设身处地地予以宽慰和谅解，体现了作为长兄的涵养和大度，这些都为弟弟们互相友爱做了良好的示范。

身为兄长，在兄弟之中的作用是很重要的。如果自己做得不好，那么弟弟们很可能以兄长的行为标准来做事，如果兄长都不能做到包容，那么兄弟间的和睦也就不太可能实现了。在这一方面，曾国藩认为，兄弟本是同根所生，不过是时间先后之别，原是一脉同气，本就不该有过多的争端。可是现实中却有很多为了利益而争的兄弟，他们为了钱财而恼怒，甚至兵戎相见，手足相残。这是人间的悲剧，也是家庭的悲剧。

与兄弟相争，还可能让别人觉得我们没有气度，不值得信赖。试想，一个连自己的兄弟都容不下的人，又怎么可能跟别人相处得好呢？所以，应该心平气和地跟兄弟们交流。只有大家互相关爱，我们才可能拥有一个温暖而又温馨的家。

爱护幼弟和幼妹

原典赏读

【原文】

良驹识主，长兄若父。

——孟子《跬道》

【译文】

好的马能识主人，兄长就好比父亲一样。

慈风孝行

常言道："长兄为父，老嫂比母。"这句话阐明了在子女中当老大的应该为家庭承担责任，应当关心爱护弟弟妹妹，帮父母照顾这个家。"为父"隐含了当兄长的不仅要照顾弟妹，还要肩负教育、培育的责任。弟妹与老大感情上不仅是一种兄妹、姐妹亲情，还含一丝类似跟父母之间的那种养育情。

生活中很多例子，它们都在告诉人们：老大生在前头，长在前头，吃苦也当在前头，作为老大应当为家庭承担一份责任，帮父母把这个家治理好。

家风故事

王徽之欲替弟折寿

王徽之是东晋大书法家王羲之的儿子，他性格豪放超脱、不受约束，为人十分洒脱。他有个弟弟叫王献之，字子敬，不仅精通书法，而且擅长绘画，与父亲王羲之齐名，并称“二王”。

兄弟俩的感情非常好，他们常在晚上一起读书，边读边议。有一晚，两人一起读《高士传赞》，王献之忽然拍案叫起来：“好!井丹这个人的品行真高洁啊!”井丹是东汉人，精通学问，不媚权贵，所以献之赞赏他。王徽之听了就笑着说：“井丹还没有长卿那样傲世呢!”长卿就是汉代的司马相如，他曾冲破封建礼教的束缚，和跟他私奔的才女卓文君结合，这在当时的社会是很不容易的，所以王徽之说他傲世。

后来，王献之生了重病，当时有个术士说：“人的寿命快终结时，如果有活人愿意代替他死，把自己的余年给他，那么将死的人就可活下来。”王徽之听说了此事，便说：“我的才德不如弟弟，就让我把余年给他，我先死好了。”术士摇摇头说：“代人去死，必须自己寿命较长才行。现在你能活的时日也不多了，怎么能代替他呢?”没多久，王献之便去世了。

家人怕王徽之悲痛，没有把这个消息告诉他。王徽之一直很惦记弟弟，但始终没有消息。一天，他实在忍不住，便问家人：“子敬的病怎样了？为什么很久没有听到他的消息？是否出事了？”家人含含糊糊，欲言又止。王徽之便明白了，悲哀地说：“子敬已经去了！是吗?”家人见再也瞒不下去了，便说了实话。

王徽之听了居然一声不哭，只是下了病榻，吩咐仆人准备车辆去奔丧。到了王献之家，他在灵床上坐了下来，命人把王献之生前最喜爱的琴取来，想弹首曲子。但调了半天弦，都没调好。于是举起琴往地上一摔，悲痛地说：“子敬！子敬！如今人琴俱亡！”意思是说：“子敬啊子敬，你是人和琴同时死去了啊！”说罢，他便昏了过去。王徽之因极度悲伤，没过多久就病情加重了，一个多月后，他也离世而去。

俗话说：“千金易得，兄弟难求。”兄弟是人的精神生活中一个重要的组成部分，没有兄弟的人，就像生活在寂寞的荒野；缺乏兄弟情的人，最能感到人间的孤独。

严凤敬兄

明朝的严凤是个十分友爱孝悌的人。他对待自己的哥哥就像父亲般敬爱关怀。严凤做官告老还乡后，他的哥哥已年老且家中穷苦，严凤便干脆将哥哥迎请到自家来养着。每逢家中宴请客人，严凤一定要哥哥走在前头，由哥哥来执杯与客人敬酒，他自己反而像个奴仆般，跟在哥哥后面手拿筷子，等着哥哥和客人吃菜的时候用。一天，严凤家宴客，严凤的哥哥和客人碰杯后，想夹菜吃，回转身来拿筷子而严凤还没把筷子准备好，哥哥大怒，立即朝严凤一个耳光扇过去，谁都觉得严凤肯定受不了，但没想到严凤却仍旧谨慎谦和，接受哥哥的怒气，一点也没有不愉快的样子。直到酒席结束，宾客尽欢。严凤的哥哥还喝醉了酒，严凤又亲自将哥哥送回了卧室。第二天，天还没亮，严凤记挂着年岁已高醉倒在床的哥哥，便早早地来到了哥哥的床前，问候道：“哥哥感觉还好吗？昨天喝得还愉快吗？一夜睡得可好？”不料，其时他哥哥已死了，严凤哭得极其悲伤，尽了最好的礼节葬了哥哥。很快，他敬兄的事迹就广为流传。

兄弟情深勿断根

原典赏读

【原文】

兄弟者，分形连气之人也。

——《颜氏家训》

【译文】

兄弟，是外表虽不同而气质相通的人。

慈风孝行

兄弟幼小的时候，吃饭同桌，衣服递穿，学习用同一册课本，游玩去同一处地方，即使有荒谬乱来的，也不可能不相互友爱。等到进入壮年时期，各有各的妻子，即使是诚实厚道的，感情上也不可能不减弱。

现在很多的成年兄弟因为钱财反目成仇，忘记了当年的情分，这是多么不应该啊！在古代，孔融 4 岁时就知道把大的梨子让给兄弟，可见相互谦让和友爱是兄弟相处首先要做到的。

家风故事

本是同根生，相煎何太急

曹丕与曹植都是曹操的儿子，他们也都是才华横溢的文学家，与父亲曹操合称“三曹”，以他们为代表的建安文学，在文学史上留下了光辉的一笔。

曹植因才华出众，从小就受到父亲的疼爱。曹操死后，曹丕当上了魏国的皇帝。曹丕是个妒忌心很重的人，他一直都很嫉妒弟弟的才华，同时也担心弟弟会威胁到自己的皇位，于是就想置弟弟于死地。

一次，曹丕命人传曹植觐见，他对跪在地上的弟弟说："父王在世的时候，总是夸奖你的文章写得如何如何好，可是，我怀疑那是别人替你写的。现在我倒要看看你是不是真的那么有才华。你我乃是兄弟，便以此为题，但诗中不可出现'兄弟'二字。限你在七步之内作出一首诗来，作得出来，便饶你不死，否则……"

曹植明知曹丕有心为难自己，但又无计可施，既伤心又愤怒。他强忍着心中的悲痛，在七步之内作了一首诗，当场念出来："煮豆燃豆萁，豆在釜中泣。本是同根生，相煎何太急?"

曹丕听了这首诗，觉得自己对弟弟太过分了，不禁感到惭愧，便饶恕了曹植的性命，将其贬为安乡侯。后来，人们常常用《七步诗》里的"本是同根生，相煎何太急"来比喻兄弟之间相互残杀是违背天理的，从而教育人们要关爱兄弟姐妹，与他们和睦相处。

兄弟同被

东汉人姜肱，字伯淮，是彭城人。姜肱是个博学强识的人，很多人都过来向他求学，朝廷官员也多次请他为官，但他都婉拒了。

姜肱还有两个弟弟，名字分别叫仲海、季江。兄弟三个关系特别好，他们一起读书、玩耍，帮父母分忧。

由于三个人连睡觉的时候都不愿意分开，因此他们就央求母亲缝制一床特别大的被子，三个人一起盖，父母看到三个儿子关系这么好，自然也很开心，于是母亲就给他们三个人缝制了一床大被子。后来，他们各自成家立业，虽然不再共被，但是关系依然很亲密。

一次，姜肱和季江两个人一起出门办事，为了赶紧办完事回家，他们就连夜赶路，没想到却在路上遇见了强盗，那些强盗决定抢了他们的财物之后，就杀了他们。

姜肱和季江都看出了强盗的意图，于是都请求强盗杀了自己，放过对方。那些强盗没想到他们兄弟之间感情这么好，不禁被他们感动了，于是决定不杀他们，只把财物抢走了事。

兄弟两人到了目的地，跟姜肱相熟的官员看他们十分狼狈，就问他们遭遇了什么，兄弟两人只说自己赶路太累、太忙，把银子丢了，并未供出强盗。后来那些强盗听说此事后，十分敬重他们的为人，于是又把财物还给了他们。

人们需要兄弟，因为兄弟的情义可以使人奋发、使人欣慰、使人快乐、使人向前。当遇到困难的时候你会觉得自己不再孤立无援，你会感到生活的希望。其实感动上天的不仅仅是友情与爱情，更重要的还有人们难以割舍的兄弟情。

姐妹伙里莫相争

原典赏读

【原文】

父母跟前要孝顺，姐妹伙里莫相争。

——《女儿经》

【译文】

女子不要与兄弟姐妹有什么争斗，要全心全意地孝顺父母。

慈风孝行

兄弟手足友爱和睦则其乐融融，而为人父母除了子孙贤孝别无他求，也就是说只有兄弟姐妹之间友爱和睦，父母才能真正地享受到天伦之乐。

其实与兄弟姐妹和谐相处，最重要的就是能让一个家温馨，让父母享受天伦之乐，辛弃疾写的《清平乐·村居》，告诉人们真正的天伦之乐是什么。

清平乐·村居

茅檐低小，溪上青青草。

醉里吴音相媚好，白发谁家翁媪。

大儿锄豆溪东，中儿正织鸡笼。

最喜小儿无赖，溪头卧剥莲蓬。

茅草房屋低矮，临着潺潺的小溪，溪边长满青草。一对白发夫妻坐在一起，正带着几分醉意用吴地方言聊天。大儿子在溪东豆地锄草，二儿子在家编织鸡笼，还有调皮可爱的小儿子，正趴在草地上剥着莲蓬。

辛弃疾的身上，很少闪露这首词中的温情与轻松。西边有茅社，虽然低矮，但是风景优美；溪边有老翁和老妪，说着方言愉快地交谈。而诗人的三个儿子，这时都在忙碌着自己的活计，大儿子锄豆溪东，二儿子正织鸡笼。最喜小儿子无赖，溪头卧剥莲蓬。这是多么安闲自在、温情脉脉的画面。

这一首词中没有写到词人饮酒，但是读完这首词，却能体会到词人沉醉在幸福中。有明媚的风景，有各自忙碌的孩子们，词人隐身在这些画面的背后，望着这一切，内心充满了闲适满足感。我们写文章的时候，并不一定要暴露自己的身份和位置，但是通过对周围事物的观察和描述，读者也能体会作者的心境。这样更加含蓄、优美。

家庭是每一个人的避风港，辛弃疾也不例外。看到孩子们平平安安、健健康康，家长也就心满意足了。不管你是住在高档豪华的小区还是茅檐低矮的小楼，只要一家人在一起，相互照顾，也就能体会到辛弃疾所写的这种天伦之乐。

家风故事

破冰捕鱼只为孝

古时候，北方流传着这样一个十分感人的故事：一位少年在寒冬的日子里，来到已经封冻的冰面上，脱掉身上的衣服，然后伏卧在厚实的冰面上。时过不久，这位少年浑身发抖，脸色铁青，而身下的坚冰却被血肉之躯温融出一个小窟窿。冰面下的鲤鱼乘空跃出两三条。这位少年赶紧起身穿好衣服，手捧鲜鱼奔回家中。原来少年的母亲生了重病，常想吃鲜鱼，少年不顾天寒地冻，冰上求鱼，来满足母亲心愿。这就是王祥卧冰求鱼的传说。难道卧冰真能求鱼吗？当然不是。可是为什么故事越传越神呢？若想知道其中的奥妙，还是让我们从头讲起吧。

东汉末年，有一对同父异母兄弟，哥哥叫王祥，弟弟叫王览。哥哥非常孝敬父母，弟弟又很悌顺兄长，这个家庭充满了安乐、平和的氛围。原来，王祥小的时候，母亲故去了，只剩下他和父亲两个人。为了更好地生活，父亲又娶了妻子，名叫王朱氏。两年后，王朱氏生了个儿子，就是前面提到的王览。最初，继母对王祥还好。但随着年龄的增长，王祥长成翩翩少年，王览显得幼弱，继母心生妒忌，逐渐虐待起王祥来了。

早晨，母亲高声喊："祥子，什么时候了？还睡懒觉，快起来！水缸没水了，赶紧挑水去。"等王祥把水缸灌满后，母亲又吩咐道："祥子，快去上山砍柴，家里没柴烧了。"王祥又饿着肚子上山砍柴去了。王览和哥哥很要好，见哥哥受鞭打，相抱哭泣，并且时常劝母亲对哥哥好点，但于事无补。有时弟弟起床后发现哥哥还没吃饭，便悄悄地揣上两个馒头上山，给王祥送饭去了。

有一年冬天，母亲生了重病，一连几天不怎么吃东西，躺在床上呻吟。有一天，她突然说："有……有碗……有碗鱼汤喝喝就好了。"这样天寒地冻的时候，到哪里去弄鱼呢？王祥听见以后，他若有所思地往窗外看了看，便带上镐头，提着竹篮子，迎着凛冽的北风，来到了山后的一条冰河上，他使尽浑身的力气，舞动手中的镐头，开冰破层，凿开了一个窟窿，并用绳子拴住竹篮子，反复多次从冰水中捞鱼，但是一无所获。几经辛苦劳作，他身上冒出热汗，他不顾刺骨的寒风，索性脱掉了外衣，躬身把竹篮投入冰水下，终于捞取了两条活鲤鱼。

王朱氏喝了王祥亲手煮的鱼汤以后，果真一天一天好起来。街坊邻居纷纷夸奖王祥："这孩子对继母可真孝顺，谁家有这样的儿子真是福气。"从此母慈子孝，王祥和继母相处得很好，家中又充满了和睦安宁的气氛。

东汉末年，群雄骤起，天下征战不已。王祥扶持母亲，护携弟弟一起到长江以南的亲戚家避难。在困苦的环境中，他精心服侍母亲长达20余年。待母亲病逝时，他尽行孝道，成了大江南北闻名的孝子。后徐州刺史吕虔请王祥出任别驾，经王览劝说，王祥应召，负责州事。他率兵士，屡屡讨伐击败盗寇。州内清静，民生安定。西晋建国伊始，王祥应诏为官，讲究治国之本在于修德安民，成为朝廷功泽当世的老臣。

王祥一直活到85岁，在弥留之际，他嘱咐儿孙们："我天寿已到，一生无怨无悔。我去了以后，你们不要在墓穴四壁砌筑砖石，也不必搭建灵棚。对家产钱财要推让不争，对人情事理要长幼有序，对官对民要讲信致诚……这才是国运昌家族兴的根本。"

王览带头恪守兄长王祥的遗训，力行忠信孝悌，官至太守仍不忘哥哥在少年时代为母病而凿冰捞鱼的情景。由此可见王祥的孝心、孝行的影响是多么深远。

兄弟和睦子侄爱

原典赏读

【原文】

兄弟不睦，则子侄不爱；子侄不爱，则群从疏薄；群从疏薄，则僮仆为仇敌矣。

——《颜氏家训》

【译文】

兄弟要是不和睦，子侄就不相爱；子侄要是不相爱，族里的子侄辈就疏远欠亲密；族里的子侄辈疏远不亲密，那僮仆就成仇敌了。

慈风孝行

兄弟之间关系不好，以至于发展为仇敌关系的，在现实生活中也很常见。从前有这样一对兄弟，住所毗邻，因纠纷而发展到反目成仇的地步。弟弟在两个庄园之间开了一条渠，以示永不往来。一天，哥哥请来一个木匠，他想在两个庄园之间造一个两米高的围栏，以示永不相见，以此来回敬弟弟。但是，当哥哥外出干活回来时，惊得目瞪口呆，因为他的眼前并不是什么围栏，而是一座美丽的小桥，小桥穿过小渠连通了两座庄园。这时，弟弟也回来了，见状便从桥那边走过来，抱住哥哥说："您真伟大！在我做了对不起您的事之后，您还建了一座美丽的桥。"从此，兄弟二人和好如初。

这个故事告诉我们一个简单的道理，那就是人与人之间要学会宽容，更何况有血缘关系的兄弟之间呢！学会宽容，许多的仇怨皆可以化为过往烟云；学会宽容，可以愈合家庭裂痕；学会宽容，可以为彼此间加深感情创造机会；学会宽容，可以将所有的误解和猜疑置之度外。

兄弟之间的关系是影响家庭生活和谐安宁的一个重要因素。人们常说："家和万事兴""内睦者，家道昌"。在我们今天独生子女越来越多的社会背景下，这层关系看似不太重要，其实不然。我们将之推演开来，成为"四海之内皆兄弟"，在全社会形成"兄爱弟敬""尊老爱幼"的风气，我们的社会主义大家庭就更为和谐美满了。

家风故事

包容的缪彤

缪彤，汉朝人，字豫公，在他很小的时候，父母就过世了，留下缪彤兄弟四人相依为命。作为长兄，缪彤用柔弱的肩膀承担起了照顾和抚养弟弟们的重担，他下定决心要把几个弟弟抚养成人，以告慰父母的在天之灵。

没有了父母的照顾，日子异常艰难，但在缪彤无微不至的照顾下，弟弟们都健健康康地长大了。弟弟们深切感念哥哥的付出，对于长兄，他们非常尊敬。一家人的生活虽然清苦，但和和美美，家庭的融融暖意，令邻居羡慕不已，人们纷纷称赞他们兄弟之间的和睦。

几年后，兄弟四人均已相继成家了。喜庆的气氛在带给家庭短暂的欢愉之后，妯娌之间的矛盾渐渐激化，于是大家开始闹矛盾，整天吵架。

缪彤看着这样的情景，想起以前和睦的日子，难受极了，他认为一切都是由于自己作为兄长却没能尽到责任造成的。为此，他把自己关在屋里，失声恸哭。

弟弟、弟媳们循着哭声聚拢过来，他们深深地被兄长的良苦用心所感动，流下了忏悔的眼泪。他们跪在门外，真诚地向兄长道歉，希望兄长能够原谅他们。至诚忏悔的言语，也深深地感动了缪彤，他起身打开屋门。

见到兄长，弟弟、弟媳们便一同说："大哥，我们以后一定相互体谅，不再吵架，也绝不再做出让您伤心的事情了。无论怎样，我们一家人都要和和气气的。”说罢，大家紧紧相拥在一起，和睦美好的生活又重新回到了这个大家庭。

在很多情况下，相处最近的人反而容易产生矛盾，如果大家多为对方想一想，就会减少很多的摩擦。

夫妻好合结连理

原典赏读

【原文】

妻子好合，如鼓瑟琴。……宜尔室家，乐尔妻帑。

——《诗经·小雅·常棣》

【译文】

夫妻之间要相亲相爱，像弹奏琴瑟声调和谐。……全家安然相处，妻子儿女快乐欢喜。

慈风孝行

家庭是一个有机的整体，夫妻作为家庭的两大支柱，起着十分重要的作用。何况，能结成一生的伴侣是要讲缘分的，自然应该珍惜。夫妻间感情的维系是需要双方共同做出努力的。举案齐眉、相敬如宾是理想的生活状态，吵吵闹闹、磕磕碰碰也是生活中不可缺少的小插曲，只要不伤害感情自然也无伤大雅。然而家庭是两个人的，日子也是两个人过，两个人在生活中虽然扮演着不同的角色，但都是同样重要的，不存在从属关系。夫妻间更需要理解和沟通，有了矛盾就要及时解决，否则时间越久问题越多，解决起来就越麻烦，很容易导致感情的不和，甚至破裂，到那时一切都晚了。所以，仅有美好的愿望是不够的，幸福要靠自己的双手去创造！

家风故事

孔雀东南飞

汉末建安年间，有一位叫刘兰芝的女性，年方十七，不仅貌美，且聪明伶俐。她与焦仲卿结婚后，夫妻俩互敬互爱，感情深挚，不料偏执顽固的焦母却看她不顺眼，百般挑剔。

在当时的社会里，孝顺父母是为子女的头等大事，焦仲卿也不例外。焦仲卿非常孝顺，虽然他很爱兰芝，但是又必须听母亲的话，最后焦母逼着兰芝回娘家又为焦仲卿另找了一个女子。

兰芝回到娘家，一位地主的儿子看上了兰芝欲娶兰芝过门，兰芝宁死不肯嫁，可是她哥哥和母亲看着地主家的儿子看上自己的女儿时很高兴，逼女儿马上跟地主的儿子结婚，不要与那个负义的焦仲卿来往。

就在兰芝准备结婚的那一晚，焦仲卿跑到兰芝家里，求兰芝不要嫁给地主的儿子，说他们相爱，一定会在一起的，他会把兰芝再娶回来。

而兰芝知道焦仲卿的母亲反对，不会让自己再进焦家大门。兰芝在绝望之时要求和焦仲卿一起赴黄泉，在阴间成为永不分散的好夫妻，两人以此为誓言相继离去。

到了晚上，兰芝一个人穿上婚衣跳进河中，她兑现了自己的承诺。焦仲卿回去对母亲说今夜风太冷，母亲要多加照顾自己身体。而他的母亲还不知道自己的儿子要离她而去，口里还说着兰芝的不是，赞扬新找的妻子很贤惠。

第二天，焦仲卿听到兰芝跳河自尽后在自家的院子里选了一棵树，在东南枝上上吊了，因为兰芝家在东南方向。两人死后，两家大人要求把他们合葬在一起。

后人创作的《孔雀东南飞》通过讲述刘兰芝与焦仲卿这对恩爱夫妇的爱情悲剧，控诉了封建礼教、家长统治和门阀观念的罪恶，表达了青年男女要求婚姻爱情自主的合理愿望。女主人公刘兰芝对爱情忠贞不贰，她与封建势力和封建礼教所做的斗争，使她成为文学史上富有叛逆色彩的妇女形象，为后来的青年男女所传颂。

朱元璋与马皇后

马皇后，安徽宿州人，“有智鉴，好书史”，她早年丧母，被郭子兴夫妇收养为义女。郭子兴做农民起义军元帅时，马氏嫁给了英勇善战的朱元璋。

朱元璋有很多妃嫔，总共为他生下了 26 个儿子，16 个女儿。但在众多妃嫔中，他最敬重的还是结发妻子马氏。有道是“贫贱之交不可忘，糟糠之妻不下堂”，朱元璋与马氏的感情非常好，关于“大脚马皇后”的各种传说也一直在民间广泛流传。

朱元璋雄才大略，很快在濠州红巾军中崭露头角，不免遭人侧目，郭子兴亦对他有疑忌。诸将出征，掳获物都要贡奉郭子兴，朱元璋不猎取私财，无从进纳，更容易引起郭子兴的不快。马氏见此情形，就把自家财产送给养母张夫人和郭子兴妾张氏，请她们在义父面前给干女婿说点好话，以弥缝裂痕。有一次，郭子兴把朱元璋关了禁闭，不给饭吃，马氏心痛丈夫，把刚烙的烧饼放在怀中偷偷送去，等到事后才发现胸前的皮肤都烫焦了，可见这对青年伉俪感情的深厚。

后来，她处处想办法照顾朱元璋的生活，宁愿自己不吃饭也要省下来给丈夫送去，又处处想办法在郭子兴面前说朱元璋的好话，才使他平安渡过难关。

后来朱元璋常年征战，马夫人又开始为各种事务奔波，忙着在后方抚慰将士家眷，带领她们给前线将士做军衣、军鞋，甚至拿出财物奖赏有功将士，为稳定后方起到了很大作用。

等到明朝建立之后，她又在后宫倡导勤俭之风，教导王妃公主们要知道社稷的艰难。除此之外，她还每天帮着整理朱元璋随手记下的事件记录，让朱元璋随时可以找到，为他省了不少心思和精力。

朱元璋为拥有这样一位贤内助感到无比幸福，向别人提起马皇后时，常把她和唐太宗的长孙皇后相提并论。但马皇后却觉得自己比长孙皇后还差得远，同时提醒朱元璋注意保持好和开国功臣们的关系，希望能做到善始善终。

到了洪武十五年，马皇后患了重病，后来病情越来越重，不久后去世，终年 51 岁。朱元璋恸哭不已，从此再也不立皇后。

马皇后对朱元璋的情义天地可表，“患难见真情”这句话在他们身上最能验证，这种生死相随的情义值得我们歌颂与赞扬，这也是中华传统美德的典范。

妯娌妯娌亲到头

原 典 赏 读

【原文】

娣姒者，多争之地也，使骨肉居之，亦不若各归四海，感霜露而相思，伫日月之相望也。

——《颜氏家训》

【译文】

妯娌之间，纠纷最多。即使是亲姐妹成为妯娌，也不如住的距离远一点，这样，她们长久分离之后，才会因感叹霜露降临而相思，等待日子来相会。

慈风孝行

有人说：“亲兄弟，仇妯娌。”说明在家庭关系中，最紧张、最难处理的恐怕就要数妯娌之间的矛盾。因此，帮助妯娌之间建立融洽关系，合情合理地解决她们之间的矛盾，有助于处理好兄弟关系和整个家庭关系。这就要当兄弟的多做工作，教育自己的爱人开阔胸怀，不要斤斤计较个人得失，正确对待妯娌之间容易产生矛盾的问题。比如，做父母的往往会对生活困难的儿媳帮助多一点，就应该理解父母的这种善良心肠，不要嫉妒，不要攀比。此外，在兄弟分家时，对分配家产、供养父母及其他各种关系的处理，都要教育自己的爱人发扬风格，不争小利。这样，妯娌之间的矛盾自然会减少，情感自然会融洽。

妯娌之间要将心比心、互相体谅。要与人为善，多为对方着想，互相谦让。一个家庭也是一个小集体，大家都应该齐心协力维护这个小集体，一心和睦过日子，把这个家建设成为友好温暖的小集体。这就需要妯娌们顾大局、讲风格，少猜疑、少计较，互相关心、互相尊重，做到既是妯娌，又是姐妹，和睦相处，友好相待。

家风故事

少娣化嫂

宋朝时候，有个女子名叫崔少娣，嫁到了苏家去做媳妇。她丈夫共有五个兄弟，已经娶了四个嫂嫂，但家里相当不和睦，每天都有争闹拼命的事发生。崔少娣刚嫁到苏家时，人们都替她担忧，怕她受不了四个嫂嫂，或与她们一样也相互争打起来。但没想到的是，少娣以一种特殊的方法与嫂嫂们共处。只见她对待四个嫂嫂，很有礼貌，恭敬有加，嫂嫂们谁有需要物件使用的，她便把自己的所有送给她们，婆婆差嫂嫂们去料理家务，少娣总是争着去做，她说：“我是新来的媳妇，理应做得多些，理应格外效劳。”她在嫂嫂们没有吃过饭之前，是不会先吃的，有时嫂嫂们争相在她面前说别人的坏话，她总是一笑置之，什么话也不说，但若有底下人到她面前传嫂嫂的坏话，或搬弄一些是非，她却用家法狠狠惩处他们。她照顾年幼的侄儿时，侄儿的尿尿脏了她的衣服，她也一点儿没有不耐烦的意思。总之，少娣在嫂嫂们的面前做到了最完善，连最挑剔的人也说不出她的什么来。这样过了一年多，四个嫂嫂都惭愧忏悔了，大家都说："五弟妹是个大德大贤的人，我们在她面前，相比之下就真不是人了。"从此大家便和睦友爱相处。

钟郝雍睦

晋朝时候，王浑娶了个妻子叫钟氏，弟弟王湛也娶了妻子叫赫氏。钟氏和赫氏成了妯娌，但这二人都是十分贤德明理的妇人，她们相处得非常融洽，一齐和睦友爱地共同治家。其实钟夫人是魏太傅钟繇的曾孙女，幼时即已饱读诗文，博览群书，举止容貌都是地地道道的大家闺秀，但她并不因自己的出身显赫而看不起赫夫人。而赫夫人，虽然出身贫寒，但也并不因自己身世不如钟夫人而自惭形秽，或曲意迎合奉承钟夫人。当时人人都称赞这一对妯娌真是难得。

一般来讲，妯娌作为外人处在同一家中，常常会因娘家富贵还是贫贱而生出嫉妒吃醋争风心理，本来和睦友爱的兄弟，也往往可由妯娌的挑衅争执而产生不和、嫌弃。钟氏和赫氏却能亲密无间、友爱雍睦，真是世上所有为妯娌者的榜样啊！

家和离不开姑嫂亲

原典赏读

【原文】

姑儿小，莫见尽，叔儿幼，莫理论，里有言，莫外说。

——《女儿经》

【译文】

小姑子、小叔子年纪小的时候要关心他们。家里有什么事情，不要随意往外说。

慈风孝行

俗话说："缝衣少不了线连针，家和离不开姑嫂亲。"在一个家庭里，如果媳妇与大姑子吵架，与小姑子斗气，这个家庭就不可能轻松、安宁、祥和。我们紧张地工作了一天，忙忙碌碌、辛辛苦苦，回到家里时就希望有一个轻松温暖的环境供我们去除疲劳，调养精神。如果一到家就被卷入姑嫂纷争，那第二天怎么能以充沛精力投入工作呢？

当然，要搞好姑嫂关系还需要双方的共同努力。

嫂嫂方面：

方法一：尊重、理解、关心，取得心理认同。

作为嫂嫂要尊重小姑子的人格，尊重她的自尊心，切不可为一点小事，就以长者自居，甚至挖苦她、贬低她；同时还要理解她，正确对待她在生活、工作和学习中遇到的酸甜苦辣，并给予支持与帮助。如果这样做了，小姑子就会在心中认同你，从而拉近彼此之间的距离，做到像亲姐妹一样无话不说，无事不讲。

方法二：以亲妹妹待之。

有些嫂子把小姑子看成一个包袱，把她当成争夺公公婆婆财产的“眼中钉”，对她往往不冷不热。看到婆婆对小姑子好，就嫉妒、心怀不满，生怕婆婆将自己的“私房钱”给了小姑子。媳妇应该明白，小姑子和婆婆本是母女，婆婆对女儿好，是情理之中的，媳妇应该理解。只有把小姑子当成亲妹妹，有福同享，有难同当，小姑子才会对你亲近，也才会有家庭的幸福与和睦。

方法三：言行一致，身体力行。

孔子说：“其身正，不令则行。其身不正，虽令不从。”要想小姑子听你的，信任你，你必须言行一致，即要求小姑子做到的，自己要先做到；要求小姑子不做的，自己坚决不做。言行一致，身体力行，才能产生巨大的榜样力量，令小姑子信服。

小姑子方面：

方法：搭建友好婆媳关系的桥梁。

小姑子应主动搭建友好婆媳关系的桥梁，在沟通、融洽婆媳关系中做出贡献。嫂嫂不了解母亲的性格和生活习惯，小姑子理应主动介绍、解释；母亲同嫂嫂发生了不愉快的事，小姑子应该从中周旋，缓解矛盾，尽量不要让不愉快的事在双方的心中留下阴影。

平时，小姑子应该注意，在母亲面前尽量不要说嫂嫂的坏话，多提嫂嫂的优点，因为，对于母亲来说，女儿对嫂子的评价比儿子对媳妇的评价更具可取性。同时，婆媳关系搞好了，也能促进姑嫂关系的融洽。这样，姑嫂关系融洽了，婆媳关系和谐了，家庭生活也就美满了。

家风故事

欧阳贤嫂

宋朝有个人名叫廖忠臣，娶了个妻子名叫欧阳氏。欧阳氏的公公婆婆都死于一场瘟疫，公公婆婆遗留下一个女儿叫廖闰娘，才几个月大。而此时的欧阳氏，也生下了一个女儿，因此，欧阳氏就将才几个月大的小姑子廖闰娘和自己的女儿一并抚养着，给她们奶吃。没承想，奶水不够两个孩子吃，欧阳氏便将自己的亲生女儿送到邻居的妇女家去吃奶，而自己却精心哺育小姑子廖闰娘。两个孩子稍长大点后，所有食物，欧阳氏会多分好多给廖闰娘，久而久之，她自己亲生的女儿也自知要退让了。两个女孩子都长大后，好多人来向她的女儿提亲，但欧阳氏却回答所有来提亲的人说："我的小姑子还没出嫁呢。"甚至，每当有好人家来提亲，她都先想着廖闰娘，让她去见来人。后来，果然廖闰娘先找了个好人家，出嫁时欧阳氏给闰娘备了丰厚的嫁妆，等到她自己的女儿要出嫁了，那嫁妆反而很少。

邹媖引过

宋朝时候有个女子名叫邹媖，她有一个哥哥，是前母生的。哥哥娶了荆氏做妻子，邹媖的母亲经常虐待荆氏，邹媖便每次都护着嫂嫂荆氏。后来邹媖也嫁人了，里里外外都很贤德和气，大家都对她称赞有加。一次，邹媖抱着自己才几个月大的孩子回娘家来，她的嫂嫂荆氏抱了孩子在床上玩，也不知怎么回事，那孩子掉到床边的火塘里，烧烂了额头，很快就死了。邹媖的母亲大怒，本来平时就对荆氏不好，这下就更气急败坏了。这时，邹媖很快便想到了嫂嫂的处境，便忍着悲痛，对自己母亲说："是女儿自己抱了孩子到嫂嫂屋里玩的，这事与嫂嫂无关，嫂嫂完全是不知情的。"而做嫂嫂的荆氏，听到小姑子邹媖这样说，更加悲伤，觉得太对不住邹媖，便绝食以表后悔。邹媖又走到嫂嫂屋里，强忍着伤心和眼泪，说：“孩子既然死了，人死不能复生，但嫂嫂要爱惜身体。这孩子，我几天前就梦见他要死的，这或许是命中注定的事。”于是，她一定要嫂嫂吃饭，嫂嫂最终也听了她的话。后来，这个贤德的邹媖，很快就连着生了五个儿子，其中四个都中了进士，她本人也平安活到93岁才去世。有人说，这是老天回报善人邹媖呢，让她多寿多福多贵子。

公姑病，当殷勤

原典赏读

【原文】

公姑病，当殷勤。

——《女儿经》

【译文】

公公婆婆生病的时候，要殷勤服侍。

慈风孝行

人都有老的时候，孝敬老人是我们应尽的责任。有句老话说得好，“顺者为孝”。老人上了岁数，话多唠叨是正常的，每当这个时候，我们就不要和老人计较，要尊重他们。每个人都应做到孝敬老人，尊老爱幼，婆对媳视为己出，媳对婆像生母一样，姑嫂妯娌之间相处得像亲姐妹一样，多一点宽容少一点计较。

有孝心的人，用爱心、诚心、感恩的心去关爱老人，尽自己的最大所能让他们安享晚年。无论是身体健康还是疾病困扰，都会不离不弃，做到用爱自己父母的心，去爱公婆。

家风故事

颜文姜孝感上天

颜文姜是春秋战国时期齐国（今山东淄博）人，是当时齐地青州府颜家庄人，在 19 岁的时候，嫁给了博山地区凤凰山下的郭姓人家。过门没多久，丈夫就病逝了，当时婆婆已经年迈，还有一个未成年的小姑子，生性善良的颜文姜就在郭家侍奉公婆，帮忙抚养小姑，十分孝顺。

婆婆为人尖刻，对颜文姜态度十分恶劣，稍一不如意，就把颜文姜责骂一顿，但颜文姜毫无怨言，还是尽心尽力地侍奉婆婆，当时凤凰山水源奇缺，婆婆喜欢喝清水泡的茶，就让颜文姜去几十里外的石马村去挑，为了不让颜文姜在路上休息，恶毒的婆婆特意制作了两只尖底的水桶，但颜文姜也从来没说过什么，每次都辛辛苦苦地去挑水。

传说，她的孝心感动了太白金星，他就化作一个牵着马的老者，在路边等着颜文姜，等到颜文姜挑水路过他身边的时候，他对颜文姜说自己的马渴了，想让它喝点颜文姜挑的水，善良的颜文姜毫不犹豫地答应了，然后让老者的马喝自己身后的那桶水。见此情景，老者不禁奇怪，就问她为什么不能喝前面那桶水。颜文姜告诉老者，前面那桶水是专门给婆婆喝的，不能让马弄脏了，后面那桶水是自己喝的。

老者决心帮助颜文姜，等到马喝完水之后，他就把马鞭给了颜文姜，告诉她回去之后，把马鞭放在水缸里，如果没有水了，轻轻提下鞭子就可以了，但需要注意不要提得过猛，免得酿成灾难。

颜文姜回去一试，果然灵验，从此之后再也没去挑水，没想到婆婆看到颜文姜很久没去挑过水了，家里却一直有水吃，就去水缸前看个究竟，她看到水缸里有个破烂的马鞭，不禁勃然大怒，猛地提出来想去鞭打颜文姜，没想到这时候一声巨响，放水缸的地方涌出巨大的水流，一下子把她冲出去很远。

正在干活的颜文姜听到巨响，赶紧过来查看，看到这种情景，她明白是婆婆动马鞭了，于是赶紧去用身体挡住涌水的地方，慢慢地水流小了下去，后来只剩下一股甘泉流出来。这股泉被后人称作灵泉，后来为了纪念孝妇颜文姜，人们又在此地建立了颜文姜祠。

以虎说孝

有一个穷人外出乞讨，他走了半天，在傍晚时分，感觉迷了路。但见石径崎岖，云阴灰暗，不知所从。只得坐在枯树下，等待天亮以后再走。忽见一个人从树林里出来，后面有三四个随从，一个个都高大伟岸。乞讨人心中害怕，立刻跪下求情。那个人同情地说："你莫害怕，我不会拿你。我是专管老虎的虎神，现在来为众虎调配金钱。待一会儿，虎吃了人，你收下那人的金钱，足可维持生活。"

虎神讲完话，就长啸一声，许多老虎便跑来集合听命。虎神对众虎所讲的话，乞讨人当时完全没有听懂。后来众虎散去，只剩下一只虎伏在草丛里。

一会儿，有个挑担子的男人过来，这只虎一跃而起，正要向他扑去，却又立刻转身回避。那个挑担人赶紧跑掉了。

又过了一会儿，走来一个妇女，那只虎便迅速出来，把她吃掉了。虎神从那个妇女剩下的衣服中，取出若干金钱，交给这位乞讨人，并对他解释道："虎只吃禽兽。它吃的人，是徒具人形而无人性者，大抵人良心尚存，其头顶上必有灵光。虎见到灵光，绝不施暴。人若天良全灭，他头上就会灵光尽失，即与禽兽无异。虎才会得而食之。

"刚才那个挑担的男人，虽然凶暴无理，但他还能赡养他的寡嫂和孤侄，使他们母子不受饥寒。就是因此一念之善，灵光虽小如弹丸，虎见到了这点灵光，也回避不敢吃他。

"后来的那个妇人，抛弃其丈夫而与他人私奔。并虐待后夫前妻之子，经常毒打这孩子，使其体无完肤。更盗后夫之金，给她自己的女儿。所以她头上灵光全无，虎便吃了她。刚才我从她衣袋里拿出来的金钱，就是她偷来的。

“虎见到了这种徒具人形而无良心的人，绝不会放过他们。你孝养继母，能把有限的食物，首先奉养继母，你头上灵光有一尺多高。所以我才帮助你，不是你跪拜哀求我的结果。你应继续勉修善业，将来还有后福。”

虎神讲完话后，又指给了他回家的路。这位乞讨人，走了一天一夜，终于回到家中。当时听到这件事的人很多，有很多人因此就变得善良起来。

媳妇应当孝公婆

原典赏读

【原文】

媳妇孝公婆，神明保护多。

——《续神童诗》

【译文】

孝敬公婆的媳妇，连神明也会保护她的。

慈风孝行

有些子女只孝顺自己的父母，而不孝顺对方的父母，这样做是不对的，既然是一家人，对待双方的父母都要一样，这样才会有一个和睦的家庭。

一个人做一件好事并不难，难的是一辈子做好事；一个人孝敬一下长辈并不难，难的是多年如一日地孝敬长辈。孝顺是中华美德，要从生活中的小事做起，从细微之处关心婆婆，孝敬公公，尽一切努力让老人开心，让老人感受到生活的快乐。

人都有老的时候，孝敬老人是我们应尽的责任。俗话说："生儿才知育儿苦，养儿才知报母恩。"自己的言传身教都是孩子的榜样，我们也有老时，我们也有儿女，所以，孝敬老人就是善待自己。

家风故事

吴氏孝得"子母钱"

在宋代都城，有一个人称吴氏的吴姓女子，年纪轻轻还没有生儿育女，就死了丈夫，只剩下她和婆婆相依为命，婆婆劝吴氏改嫁或者招赘个女婿，但吴氏看到婆婆孤苦一人，就坚决不改嫁以留下来为婆婆尽孝，因为害怕招赘的人对婆婆不好，吴氏也坚决劝止了婆婆为她招赘的提议，一心孝顺婆婆。

吴氏为了让婆婆能过上好的生活，每天都辛勤劳作，染布养蚕，把挣来的钱都用在奉养婆婆上。

夏天的时候，吴氏为婆婆扇扇子，直到婆婆睡着为止；冬天的时候，吴氏总是害怕冻着婆婆，每天都是为婆婆暖好被窝才让婆婆就寝。

婆婆年纪大了，视力变得越来越不好，有一次，吴氏正在做饭，邻居找她有点事情，便把她叫出去商量，婆婆在家里害怕饭煮得太烂，就想把饭倒在盆子里，没想到因为视力不好，竟然误把脏水桶当作盆子了。吴氏回来一看，为了不让婆婆知道了伤心，就偷偷去邻居家借来饭让婆婆吃，自己把那些饭捞出来、洗干净再蒸熟了吃，这件事情，吴氏一直没有让婆婆知道。

吴氏看到婆婆年纪越来越大，就把自己所有值钱的东西都典当了，想尽最大努力为婆婆办好后事。

吴氏对婆婆的孝心可谓是体现在各个方面，乡亲们都称赞她是个孝顺的媳妇。有一天，吴氏做了一个梦，梦到一个穿着白色衣服的仙女对她说：

"你的孝心感动了上天，上天要赐给你一枚钱币，希望能有益于你的生活。"等到吴氏醒来之后，她竟然真的在床头发现了一枚钱币。

吴氏感觉十分惊讶。第二天的时候，这枚钱币竟然变成了上千枚的钱币，而且每当吴氏用完之后，新的钱币就又会生出来，从此之后，吴氏没有了后顾之忧，侍奉婆婆也更加尽心尽力，直到婆婆去世。

后来，这件奇事被人们传开，大家都说这钱是"子母钱"，吴氏的孝心得到了好报。后来，吴氏的生活一直很安稳，成了一个长寿的人。死的时候也没有任何病痛，在她去世之后，这钱也随之消失不见了，而她生前居住的地方却生出一股奇异的香气，很多天之后才慢慢消散。

崔唐乳姑

唐朝时，山西节度使崔琯的曾祖母长孙夫人，年岁已很大，嘴里牙齿全部掉光了，崔琯的祖母唐夫人，便每日梳洗完毕，又洗干净手，就来到堂前给婆婆长孙夫人请安，请安完毕，又给长孙夫人喂吃自己的奶。原来，长孙夫人没有牙齿早已不能吃饭，唐夫人便想出让婆婆吃自己的乳汁这一妙计。如此好几年，因为唐夫人的奶水，长孙夫人仍旧活得非常健康红润。一日长孙夫人病倒了，家里老老小小都来到她的房里，长孙夫人便对大家说："我不知道自己还能活多久，所以叫你们都来听着，唐夫人对我实在是太有孝心了，我只恨自己没有东西来回报她。但愿你们子子孙孙的媳妇们，个个都要像唐夫人那样有孝心，我就满足了。"后来，这个地方姓崔的人，做官做到尚书州官的，都有好几十人，论起天下做官人家，崔家应是首屈一指的。人人都说这是上天给他们的福报呢。

第五章

传家风：尊老敬师传孝道

中国人向来有尊老爱老、尊师重道的良好品性，尊敬老人和尊敬老师都是孝文化的扩展和延伸。所谓“一日为师，终身为父”，在古代，老师相对于学生有着极高的威严，学生对老师必须做到毕恭毕敬。学生登门拜见老师时应当礼貌周全，遵守必要的礼仪，以表示对老师的尊敬。在今天，我们更要将这种美德传承下去。

尊老爱老家和睦

原典赏读

【原文】

老吾老，以及人之老。

——《孟子·梁惠王上》

【译文】

在赡养孝敬自己的长辈时不应忘记其他与自己没有亲缘关系的老人。

慈风孝行

每个人都会变老，但是，尊老爱老却是每个人的本分。中华民族之所以血浓于水，之所以历经沧桑、生生不息，之所以“人情味”非常浓厚，尊老爱老敬老是一个很重要的原因。

在家里，许多老人都是先想到我们，再想到自己。所以，我们应该回敬老人，做什么事应该先想到老人，再想到自己。我们应该帮助老人，为老人做一些事情，不要嫌弃老人。尊老爱老是我们中华民族的传统美德，是先辈传承下来的宝贵精神财富。在我们源远流长、博大精深的传统文化中，重视人伦道德、讲究家庭和睦是我们文化传统中的精华，也是中华民族强大凝聚力与亲和力的具体体现。

家风故事

张良尊老拾鞋

张良，字子房，伟大的谋略家、政治家。传为汉初城父（《史记·索引》引《后汉纪》云："张良出于城父"，城父即今河南宝丰东）人。张良出身于贵族世家，祖父连任战国时韩国三朝的宰相。父亲张平，亦继任韩国二朝的宰相。至张良时代，韩国已逐渐衰落，亡失于秦。韩国的灭亡，使张良失去了继承父亲事业的机会，丧失了显赫荣耀的地位，故他心存亡国亡家之恨，并把这种仇恨集中于一点——反秦。

张良到东方拜见仓海君，共同制定谋杀行动计划。他弟死不葬，散尽家资，找到一个大力士，为他打制一只重达120斤的大铁锤（约合现在50斤），然后差人打探秦始皇东巡行踪。按照君臣车辇规定，天子六驾，即秦始皇所乘车辇由六匹马拉车，其他大臣四匹马拉车，刺杀目标是六驾马车。公元前218年，秦始皇东巡，张良很快得知，秦始皇的巡游车队即将到达阳武县（今原阳县的东南部），于是张良指挥大力士埋伏在到阳武县的必经之地——博浪沙。不多时，远远看到三十六辆车队由西边向博浪沙处行走过来，前面鸣锣开道，紧跟着是马队清场，黑色旌旗仪仗队走在最前面，车队两边，大小官员前呼后拥。见此情景，张良与大力士确定是秦始皇的车队到了。但所有车辇全为四驾，分不清哪一辆是秦始皇的座驾，只看到车队最中间的那辆车最豪华。于是张良指挥大力士向该车击去，120斤的大铁锤一下将乘车者击毙。张良趁乱钻入芦苇丛中，逃离现场。

然而，被大力士击毙者为副车，秦始皇因多次遇刺早有准备，所有车辇全部四驾，时常换乘座驾，张良自然很难判断哪辆车中是秦始皇。秦始皇幸免于难，下令在全国大肆搜捕凶手，遍寻不得，后来不了了之。

张良锤击秦王未遂，被悬榜通缉，不得不埋名隐姓，逃匿于下邳（今江苏睢宁北），静候风声。一天，张良闲步沂水圯桥头，遇一穿着粗布短袍的老翁，这个老翁走到张良的身边时，故意把鞋丢落桥下，然后傲慢地差使张良道："小孩子，快到桥下把我的鞋子取回来！"张良觉得很奇怪，一个毫不相识的老头，竟故意难为我，如此不客气地下命令，一时火气上来，不想去拾。但又一想："他是一位老人，可以谅解，对老人应该尊重。"于是，便压住火气，跑到桥下把鞋子拾来递给老人。谁知老人并不用手接，竟把脚伸过来，命令道："快给我穿上！"张良想："既然已经替他取了鞋子，好事做到底，就给他穿上吧！"就跪下去给老人穿好鞋子。然而，老人只是对他笑了一笑，就走了。

张良心想："这个奇怪的老人，可能是一位很有学问的人。"于是，便紧紧地跟随着老人向前走去。

走了一段路，老人忽然转过身来，对张良说："我看你这个小孩子将来能有出息，我很乐意教教你。五天后一早，在这儿会面。"张良恭恭敬敬地连声说："是！是！"

五天后，鸡鸣时分，张良急匆匆地赶到桥上。谁知老人故意提前来到桥上，此刻已等在桥头，见张良来到，愤愤地斥责道："与老人约，为何误时？五日后再来！"说罢离去。到了第四天的后半夜，鸡刚叫头一遍，张良就到了，谁知老人又比他早到，生气地说："为什么又来迟了？"说完，转身就走，边走边吩咐道："五天后再来，早一点。"又到了第四天晚上，张良这次干脆不睡了。前半夜就赶到那里。等了一会儿，老人也来了，笑眯眯地说："这还差不多！"于是送给他一本书，说："读此书则可为王者师，十年后天下大乱，你可用此书兴邦立国。"说罢，扬长而去。

张良惊喜异常，天亮时分，捧书一看，乃《太公兵法》。从此，张良日夜研习兵书，俯仰天下大事，终于成为一个文韬武略、足智多谋的"智囊"。秦二世元年（公元前 209 年）七月，陈胜、吴广在大泽乡揭竿而起，举兵反秦。紧接着，各地反秦武装风起云涌。矢志抗秦的张良也聚集了 100 多人，扯起了反秦的大旗。后因自感身单势孤，难以立足，只好率众往投景驹（自立为楚王的农民军领袖），途中正好遇上刘邦率领义军在下邳一带发展势力。两人一见倾心，张良多次以《太公兵法》进说刘邦，刘邦多能领悟，并常常采纳张良的谋略。于是，张良果断地改变了投奔景驹的主意，决定跟从刘邦。作为士人，深通韬略固然重要，但施展谋略的前提则是要有善于纳谏的明主。这次不期而遇，张良“转舵”明主，反映了他在纷纭复杂的形势中清醒的头脑和独到的眼光。从此，张良深受刘邦的器重和信赖，他的聪明才智也有机会得以充分地发挥。

爱敬尽于事亲

原典赏读

【原文】

子曰：“爱亲者，不敢恶于人；敬亲者，不敢慢于人。爱敬尽于事亲，而德孝加于百姓，刑于四海，盖天子之孝也。《甫刑》云：‘一人有庆，兆民赖之。’”

——《孝经·天子章》

【译文】

孔子说：“能够爱自己父母的人，就不会厌恶别人的父母，能够尊敬自己父母的人，也不会怠慢别人的父母。以亲爱恭敬的心情尽心尽力地侍奉双亲，而将德行教化施之于黎民百姓，使天下百姓遵从效法，这就是天子的孝道啊！《尚书·甫刑》里说：‘天子一人有善行，万方民众都仰赖他。’”

慈风孝行

大家知道，乌鸦虽然外表丑陋，但在养老、敬老方面堪称动物中的楷模。当乌鸦年老不能觅食的时候，它的子女就四处去寻找可口的食物，衔回来嘴对嘴地喂给老乌鸦，并且从不感到厌烦，一直到老乌鸦临终，再也吃不下东西为止。这就是人们常说的“乌鸦反哺”。

在漫长的历史长河中，中华民族在养老、敬老方面曾涌现过无数美丽动人的故事，扇枕暖被的黄香，彩衣娱亲的老莱子，舍身护父的潘综，锅巴奉母的陈遗……人类社会发展到今天，在养老、敬老方面，早已远远超出了“反哺”的范畴，人们在使老年人“老有所养”的前提下，逐步向“老有所医”“老有所学”“老有所为”“老有所乐”的更高层次发展。

但是，我们还必须看到，受商品经济大潮及西方文化的影响，传统的价值观受到巨大的冲击，“敬老、养老”在许多人思想上已日见淡薄，他们放弃了做人的起码道德，不仅不养老、敬老，甚至发展到了虐待老人的地步，其行为之野蛮残酷令人发指。

在我国这样一个“未富先老”的国家，特别是在广大的农村地区，老年人养老基本上还是依赖自己的子女，这种居家养老的形式在客观上还受许多方面制约，子女的经济状况、家庭变故、道德修养都制约着老人能否有一个幸福的晚年。因而我们仍有必要努力加强社会主义精神文明建设，大力弘扬中华民族养老、敬老的光荣传统，使每一个子女时存感恩之情，对老人要物质上保障，精神上慰藉，竭尽全力地为辛劳了一生、养育了我们的父母营造一个幸福的晚年。

生活在文明社会的每一个人，都应树立这样的观念：倘若有一件衣裳，应先给父母穿；倘若有一口饭，应先给父母吃；倘若有一间房，应先给父母住。因为我们坚信，人生天地间，孝为百行首。

羔羊能够跪乳，乌鸦尚且反哺，何况人呢？

家风故事

曾子敬老的故事

曾参（公元前505—公元前436年），字子与，又称曾子。春秋末期鲁国南武城人，孔子的七十二弟子之一。出身贫寒，一生经历坎坷，但终生讲求修身养性，主张“日三省身”。

曾子一向以孝道出名。他不仅在行为上恪守孝道，而且还有一套理论主张。他把孝分为三种，即大孝尊亲，其次弗辱，其下能养。

曾子在孔子门下受业学习多年，而且已是学有所成。那时，他家境贫寒，为了养活父母，他在离家很近的莒国出仕做了个小吏。虽然俸禄只有几斗米，但他仍然十分欢喜，因为他可以用自己的所得供养双亲了。后来，他成了大名士，双亲也老了，他就不再外出谋官。当时，齐国聘请他做相国，楚国委任他为令尹，晋国请他做上卿，都被他拒绝了。

曾子孝敬双亲，甚至到了愚孝的程度。

一天，曾子到他家的瓜地里去锄草。一不小心，把瓜苗锄掉了好几棵。曾子很心疼，自责自己的粗心。

这时，正赶上他父亲拄着棍子来薅草，一看见曾子把瓜苗锄掉好几棵，气不打一处来，不问青红皂白，举起大棍，照着曾子的脑袋就打来。本来，曾子稍一侧身，棍子就不会落在他的头上的。但曾子想，自己错了，应该让父亲打几下消消气，就没有躲闪，仍立在原地。因父亲用力过猛，曾子被打倒在地，不省人事了。这可吓坏了父亲，后悔自己出手太重。老人连呼带叫，揉了半天，曾子才苏醒过来。

为了不使父亲为自己担忧，曾子赶紧爬起，好像没挨过打似的向父亲赔不是，并走进瓜棚，拿过琴来弹给父亲听，让父亲消气。

曾子不仅对父亲如此，就是对后母也十分孝敬，甚至休了妻子以敬后母。曾子的后母对他十分刻薄，一点恩义也没有，但曾子毫无怨言，像对父亲那样，孝顺备至。

有一次，他让妻子为后母做藜羹，妻子一时粗心，没蒸熟就端了上去。曾子知道后，大为生气，立刻写了休书，将妻子撵出门去。知情人都认为太过分了，责问他说：“妇人犯了七出之条，才能休掉。藜羹不熟，这样区区小事，你为什么要因此休妻呢？”

曾子说：“藜羹确实是件小事，但我叫她煮熟奉母，她竟然不听我的话。这样的人，如何可以留下她呢?”

然而曾子毕竟疼爱自己的妻子，为了珍惜夫妻感情，终身没有再娶。

曾子不仅对亲生父母的孝敬竭尽全力，对待后母供养同样不怠。他对后母像对待亲生母亲一样无微不至，尊老当如是啊!

家风传承敬老情

原 典 赏 读

【原文】

挟泰山以超北海，此不能也，非不为也；为老人折枝，是不为也，非不能也。

——《孟子·梁惠王上》

【译文】

把泰山夹在胳臂底下跳过北海，不是不愿意去做，而是做不到；不为长辈做件小事，不是做不到，而是不愿意去做。

慈 风 孝 行

每一个民族、每一种文化，都有它的生命力，都有它独到的魅力，但是中华民族以深挚的情感，凝聚起全中国十三亿人口，以及海外的广大同胞、侨胞，那些传统美德（包括尊老、敬老、爱老的美德）是功不可没的。

老人，为社会奉献，为家庭奉献，是知识的宝库，是智慧的钥匙，不仅养育我们，还以言传和身教向我们传播做人的道理，虽然我们有时候感觉老人们知识陈旧、思维方式过于正统古板，但是，老人依然是我们心中最坚定的依托，我们在现实中碰壁之后，返璞归真，依然会感受到老人们传承的是至理名言，依然会感受到属于我们民族内蕴的品质和理念是不能放弃的。这是我们民族的魂，经由老人，再经由我们，一代一代传承。引导我们的民族生生不息，引导我们的民族巍然屹立于世界民族之林。

关爱老人，就要敬重老人，敬重老人的思维方式和自主选择，就要提供更多的便利使老人感受到关爱；就要为老人创造更好的颐养天年的环境；就要对老人放手，使他们有高兴的生活方式；就要创造条件使他们树立自己新的社会价值自信和家庭价值自信。

关爱老人，要从自己做起，从身边事情做起，从现在做起。

家风故事

刘邦敬老得贤臣

汉太祖高皇帝刘邦（公元前256—公元前195年），字季（一说原名季），沛县丰邑中阳里（今江苏丰县）人，起兵于沛县（今江苏沛县），汉族。其父刘煓（刘太公），字执嘉，生有四个儿子（刘伯，刘仲，刘邦，刘交），刘邦在兄弟四人中排行第三。秦朝时曾担任泗水亭长，在秦末农民战争中起义，登高一呼，天下英雄云集于麾下，称“沛公”。

公元前209年，秦末农民起义爆发，陈胜、吴广率领起义军攻占了陈（今河南淮阳）以后，陈胜建立了“张楚”政权，和秦朝公开对立。这时，沛县的县令也想响应以继续掌握沛县的政权，萧何和曹参当时都是县令手下的主要官吏，他们劝县令将本县流亡在外的人召集回来，一来可以增加力量，二来也可以杜绝后患。县令觉得有理，便让刘邦的挚友樊哙把刘邦找回来，刘邦便带人往回赶。这边的县令却又后悔了，害怕刘邦回来不好控制，弄不好还会被刘邦所杀，等于引狼入室。所以，他命令将城门关闭，还准备捉拿萧何和曹参。萧何和曹参闻讯赶忙逃到了城外，刘邦将信射进城中，鼓动城中的百姓起来杀掉出尔反尔的县令，大家一起保卫家乡。百姓对平时就不太体恤他们的县令很不满，杀了县令后开城门迎进刘邦，又推举他为沛公，领导大家起事。刘邦便顺从民意，设祭坛，自称赤帝的儿子，领导民众举起了反秦大旗。这一年，刘邦已经48岁了。

秦末农民战争中还有一支强大的力量，这就是原来楚国贵族的后代项羽和叔父项梁，他们在吴中（今江苏吴市）起兵，兵力很快达到了近万人。在项梁死后，项羽决定和刘邦一起西进关中。楚怀王与他们约定，先进入咸阳者为关中王。

刘邦率领大军直捣秦国国都的门户——函谷关。他途经高阳（今河南杞县西），要消灭驻扎在那里的秦军。

高阳有位很有韬略的名叫郦食其的老人，酒量大得惊人。他看到刘邦是个能成就大业的人物，就让在刘邦帐下当骑兵的一个乡亲引见，想见刘邦，愿为他效劳。刘邦答应了。

郦食其来到刘邦居住的驿舍，进到屋里，看见刘邦正坐在床边，让两个女子给他洗脚。这不是见贤者之礼，郦食其故意慢腾腾地走到刘邦面前，作揖而不拜。刘邦见来人是个60多岁的儒生，坐在床边纹丝不动。

郦食其看到刘邦这样傲慢无礼，很生气，高声问道："足下带兵到此，不知是帮助秦国攻打起事的诸侯呢？还是帮助各诸侯讨伐暴秦？"

刘邦听他说话这样随便，明知故问，也不下拜，举止故作斯文，于是大动肝火，吼道："你真是一个不识时务的书呆子！天下人谁没有尝过暴秦的苦头？天下的豪杰都讨伐秦，我怎么会去助秦？"

郦食其不紧不慢地说："足下如果真心讨伐暴秦，为什么见到年长的人这样无礼？你对待贤人这样傲慢，谁还为你献计献策呢？没有贤才相帮，仅凭个人的力量，是推不倒暴秦的。"

刘邦听了这番话，知道自己失礼了，急忙擦脚穿鞋，整好衣冠，向郦食其道歉，请他坐在上座，并恭恭敬敬地说："先生有何良策，请多多指教。"

郦食其见刘邦改变了态度，又虚心求教，便对他说："足下的兵马还不到一万人，就打算长驱攻入秦国的国都，这好比是驱赶着羊群扑向老虎，只能白白送命。依我看不如先去攻打陈留。陈留是个战略要地，城中积存的粮食很多，作为军粮足够用，而且陈留交通四通八达。"

郦食其向刘邦献出了这条妙计，刘邦非常高兴，请郦食其先行到陈留，然后选派一员大将领一部分精兵赶到。郦食其来到陈留，见到县令，劝他投降，县令不肯。郦食其就在酒宴上灌醉了县令，然后偷出县衙令箭，假传县令的命令，骗开城门，把刘邦的军队放进去，砍死了县令。

第二天，刘邦的大队人马进入陈留。由于郦食其事先早已为刘邦写好了安民告示，刘邦一进城，就受到百姓的欢迎。刘邦看到陈留果然贮有大量的粮食，十分佩服郦食其的神机妙算，于是，封他为广野君。

刘邦在陈留招兵买马，军队规模扩大了将近一倍，抢在项羽之前攻入了关中。最后统一了天下，建立了汉朝。

谨记花甲老人言

原典赏读

【原文】

不听老人言，吃亏在眼前。

——中华谚语

【译文】

不听老人的劝导，很可能会因此吃亏。

慈风孝行

老人经历了生活的诸多风风雨雨，拥有无穷的生活智慧，积累了宝贵的生活经验，是对我们这个社会做出过贡献的人。俗语说："不听老人言，吃亏在眼前。"因为不敬老而遭受挫折的例子历史上也很多。秦晋之战是一次重大战役，战前，秦穆公向秦国一个叫蹇叔的老人咨询。蹇叔说：

"劳动军队去袭击远方的国家恐怕不行。军队远征，士卒疲惫，敌国再有所防备，就很难取胜。我看还是不要去了。"秦穆公不听，出师东征。蹇叔哭着对主帅孟明说："孟明啊，我看到军队出征，恐怕看不到班师回国了。"秦穆公非常生气，对蹇叔说："你知道什么，我看你早该死了。"然而战争的结果应验了蹇叔的话，晋军在肴击败了秦军。秦穆公后悔当初没听蹇叔的话，但也悔之晚矣。

但是，我们不能盲目地去"听老人言"，而要有选择性地听，有时候大人说的话也不是完全正确的，我们要有自己的判断，不能盲目地听从"老人言"。

所以在听从老人言的时候，不可以只是倾听，一定还要有自己的想法。

家风故事

郑作新不忘奶奶的教诲

郑作新（1906—1998年），1906年11月生，福建省长乐县人。中国科学院动物研究所研究员，1930年毕业于美国密歇根大学研究生院（博士），中科院资深院士。从事鸟类学研究60多年，撰写专业书籍30多部，研究论文140多篇。

郑作新是世界雉类协会会长、著名的鸟类专家。是他，首先明确指出原鸡是中国家鸡的祖先；是他，首先发现了"郑氏白鹇"；还是他，在小麻雀被确认为"四害"之一时，勇敢地担任了麻雀的"辩护律师"，为麻雀翻了案……

郑作新像一只不知疲倦的鸟，在祖国大地上飞翔了一辈子，为鸟类写了一部完整的"家谱"。

然而，郑作新童年的生活十分悲惨。在他还只有5岁的时候，母亲就因病去世了。作新的父亲为了养家，一年到头在外面奔波。

家中抚养小作新的重担落在奶奶身上，孤苦伶仃的郑作新和奶奶相依为命。奶奶特别疼爱作新，生怕这个失去母爱的孩子受委屈。小作新也特别孝敬奶奶，从不惹奶奶生气。

晚上，奶奶经常一边在灯下做针线活，一边给作新讲故事。奶奶虽然识字不多，可是很会讲故事。有些故事，小作新不知听了多少遍，可他从不厌烦。其中，他最爱听的要数“精卫填海”的故事了。

一天，奶奶一边做活儿，一边又给他讲起了这个故事，小作新听得入了迷，他眼里噙着泪花，对奶奶说：“长大了，我也要做一只精卫鸟！”

“对喽！”奶奶一边穿针引线，一边对作新说：“不论做什么事，都要像精卫鸟那样一往无前，百折不挠！”作新郑重地点点头。他见奶奶眼睛昏花，怎么也引不上针，就从奶奶手里接过针线，帮助奶奶引上了针。

从此，作新变了，无论做什么事，不做好决不罢休。做作业时，做不完决不出去玩耍；帮奶奶往缸里打水，不将水缸灌满决不休息；帮奶奶舂米，不把所有的米壳舂掉决不住手……

奶奶挺喜欢作新这股子劲儿。不过有一天，作新这股子犟劲儿确实让奶奶着了一通急！

原来，作新听说福州东边有一座鼓山，鼓山上有个老虎洞，洞里有老虎，老虎洞附近的人们听到过老虎的叫声……

为了探个究竟，作新和几个伙伴组织了一支小小的探险队进山了，他们要搞清老虎洞里到底有没有老虎。

不料，山陡路远，有的小朋友半路打了退堂鼓，从山里折了回来。这些孩子迎面碰上了作新的奶奶，奶奶听说作新和另一个孩子进山到老虎洞去了，惊得半晌说不出话，生怕作新发生什么意外。

直到日落黄昏的时候，奶奶才看到作新和另一个孩子的身影，他俩终于回来了。作新一见奶奶就高兴地说：“奶奶，搞清楚了，老虎洞里根本没有老虎！是风吹洞口发出的吼声！”

奶奶嗔怪地说：“你们为什么偏要去那里呢？”

“我是听奶奶的话，向精卫鸟学习呀！”

“听我的话？”奶奶不解地问。

“是呀！您不是说，让我像精卫鸟那样，干什么事都要一往无前，百折不挠吗？”

奶奶赞许地笑了。

后来，郑作新经过不懈努力，终于成为国内外知名的鸟类专家。

老者的教诲，对于年轻人有着深远的意义和影响。我们在尊敬、关爱他们的同时，也要真正将他们作为学习的对象，这才是尊重老人的更高境界。

敬重长辈建和谐

原典赏读

【原文】

事诸父，如事父，事诸兄，如事兄。

——《弟子规》

【译文】

对待与父母同辈的叔叔、伯伯、舅舅、姑父等长辈以及其他尊长，甚至天下所有的父辈，我们都要如同对待自己的父母亲一般恭敬尊重；对待同族的哥哥姐姐，以及工作生活中遇到的同辈年长的人，我们都要如同对待自己的哥哥姐姐一样爱护尊敬。

慈风孝行

对待家族中的长辈，对待家族外的长辈，都要有尊敬、谦逊的态度，要永远保持一颗毕恭毕敬之心。对待家族中的兄弟姐妹，对待家族外的兄弟姐妹，也要保有关爱、照顾的态度，要永远保持一颗和谐恭敬之心。

如果我们所有的家庭都能孝敬父母，那么每个家庭都是和谐家庭；如果我们所在的家族能够都关爱老人，照顾兄弟姐妹，我们的家族就是和谐家族；如果我们社区的所有成员都能够像爱自己父母一样尊重照顾长辈，关心爱护小辈，那么我们的社区就是和谐社区；如果我们所在的单位能够尊敬拥护领导，照顾扶持下属，团结包容同事，那么我们的单位就是和谐单位；如果我们学校的学生都能尊敬亲近师长，老师都能关爱引领学生，那么我们的学校就是和谐校园；如果我们社会的每位公民都能在各自位置扮演好各自的角色，各尽本职，这个社会就是和谐社会！

家风故事

梅兰芳尊老美名扬

梅兰芳（1894—1961年），原籍江苏泰州，生于北京，著名京剧表演艺术家。在半个多世纪的艺术生涯中，他不断探索，不断革新，在艺术上精益求精，虚心好学，形成自己独特的艺术风格，也称“梅派”，对我国京剧事业的发展做出了突出的贡献。

戏剧大师梅兰芳先生，不仅在我国戏剧艺术发展史上拥有光辉的一页，而且他甘拜他人为师、拜名人为师、活到老学到老、尊老爱老的美德，也被广为传颂。

1931年春，南北京剧界的名家齐集上海演出。演出的剧场设在上海浦东的高桥，乘船过江后还有近10千米的路。由于路远难走，雇车很不方便，这天，梅兰芳和杨小楼两人好不容易才找到一辆车。谁知刚坐上去，正要上路，突然见到年近六旬的龚云甫老先生步履蹒跚地走过来。梅兰芳立即下车打招呼，当得知龚先生没有雇到车时，便执意让龚先生上车先走。龚先生推辞说：“你今天的戏很重，不坐车，到台上怎么顶得住？”梅兰芳谦恭地说：“我还年轻，顶得住，您老别为我担心。”说着就搀扶龚老上了车，他自己则冒雨步行10千米赶到了剧场。

当时，梅兰芳已是名震海内外的“四大名旦”之一，论资历和声望，在梨园界都无人匹敌。但他却从不摆架子，而是处处都先考虑别人。

新中国成立前，在一次京剧《杀惜》的演出中，剧场内戏迷们的喝彩声不绝于耳。

“不好！不好！”突然，从剧场里传来一位老人的喊声。人们一看，是一位衣着朴素的老者，已有六旬年纪，正在不住地摇着头。

梅兰芳看到这一情景，心里感到有些蹊跷。戏一下场，他来不及卸装、更衣，就用专车把那位老先生接到家中，待如上宾。他恭恭敬敬地对老人说道：“说我孬者，是吾师也。先生言我不好，必有高见，定请赐教，学生决心亡羊补牢。”

老先生严肃而认真地指出：“惜姣上楼和下楼之台步，按梨园规定，应是上七下八，你为何上八下八，请问这是哪位名师所传?”

梅兰芳一听，恍然大悟，深感自己的疏漏。纳头便拜，连声称谢不止。

后来，梅兰芳凡在当地演戏，都要请这位老者观看，并常请他指教。

梅兰芳不仅在京剧艺术上有很深的造诣，而且在琴棋书画上也是妙手。他师从齐白石，虚心求教，总是执弟子之礼，经常为齐白石磨墨铺纸。老师对这个“学生”也十分喜爱。

有一次，齐白石到朋友家做客。客厅内宾朋云集，皆是社会上之名流。齐白石较之这些人自觉寒酸，不引人注目。正在这时，主人上前恭迎梅兰芳，人们也蜂拥而上，一一同他握手。可是，梅兰芳已知齐白石也在赴宴，他四下环顾，寻找老师，亲切地问：“难道齐白石先生没来?”当他看到被冷落到一旁的齐白石老人时，立即让开别人一一伸过来的手，挤出人群，向老画家恭恭敬敬地叫了一声“老师”，与齐白石寒暄问安……

在座的人见状，都很惊讶，齐白石也深受感动。隔了几天，他特向梅兰芳馈赠《雪中送炭》一画，并题诗道：

记得前朝享太平，

布衣尊贵动公卿。

如今沦落长安市，

幸有梅郎识姓名。

作为一代戏剧名家，梅兰芳能做到尊老敬贤，平等待人，实在难能可贵。在中华民族的历史长河里，尊老爱老已形成优良传统，代代相传。尊老爱老是和谐社会一个永恒的主题，折射出中华民族的道德风尚和精神面貌。

尊师爱师薪火传

原典赏读

【原文】

一日为师，终身如父。

——《增广贤文》

【译文】

只要从别人那里学到点滴知识，就要终身像尊敬父亲那样尊敬他。

慈风孝行

尊师重教是中华民族的传统美德，自古就有程门立雪等典故。教师这项职业是普天之下最重要的职业了。正如陶行知所说：“在教师手里操纵青年人的命运，便操着民族和人类的命运。”要想使中国富强，就要使中国少年富强，要使中国少年富强就先要使中国有一支师德高尚的教师队伍。

为了祖国的发展我们必须要有“一日为师，终身为父”的传统思想。

每位老师都拥有着同样一颗心：那就是希望自己的学生成人、成才。只是他们的方法不同而已，有的用“激将法”，有的用自己的行为感化学生，我们要理解老师对我们的用心。当然老师也并非圣贤，怎么能没有过错呢？学生面对老师的过错，因采取正确合理的方法去解决。每个学生的成绩是由无数老师共同努力的结果。当我们站在领奖台上时，我们不能忘记当年教过我们的老师。所以，我们要像尊敬父母一样尊敬老师，这样我们才会真正学到人生智慧，福报也会自然降临。

家风故事

柳敬亭谨遵师言

柳敬亭，是明末清初大名鼎鼎的说书艺人。他原来叫曹逢春，家住江苏泰州曹家庄。

由于他好打抱不平，得罪了地方上的恶势力，流浪到外乡。有一天，他睡在一棵大柳树下，醒来后抓着拂在身上的垂柳枝条，联想到自己的不幸遭遇，就改为姓柳了。接着，他背诵起南齐谢朓咏敬亭山的诗，觉得“敬亭”二字可取，便以“敬亭”为名了。

一次，柳敬亭流浪在江南水乡的一个小镇上，看到茶馆酒楼上经常有人说书，便经常去听书，听了后便记在心里，加上自己从小读了不少历史小说，听了不少民间故事，所以也想靠说书来维持生活。

由于不知道说书的方法和技巧，也找不到合适的老师可以求教，他只能自己摸索着瞎练一通，效果很不理想，他为此也很苦恼。后来，他在旅途中听到一位高明的艺人说书，听后佩服得五体投地。这位艺人叫莫后光，他诚恳地要求拜他为师。莫后光看到这个青年诚实可爱，说书也有较好的基础，就把自己的经验传授给他。

莫后光把说书艺术的基本原理和方法讲给他听，告诉他：“说书虽然是一种小技艺，也同学习其他技艺一样要下苦工夫。首先要熟悉各阶层的生活和各地的方言、风俗、习惯，然后把观察和收集到的材料，经过反复分析，找清它们的因果关系、发展过程。其次要学会对掌握的材料加以剪裁取舍，能够把有用的材料组织得恰到好处。”

柳敬亭听了老师的教导后，深深地记在心头。他白天到处游街串巷，仔细观察社会上的各种现象，对方言俚语特别注意。晚上回家以后，闭上眼睛细细琢磨白天看到的事情，把它加工、提炼、融化到历史故事中去，并认真地记在纸上。

他这样学习了几个月后，便去找老师指点。老师让他说了一段书，对他说：“现在你虽然能讲出故事，但还没能引人入胜。重要的是时时刻刻要想到怎样把故事说得好，说得动听。有时，故事中的情节要从从容容直叙，一路走来，直达胜境；有时，要简洁明快，开门见山，一目了然；有时要增加一些伏笔或悬念，让听众总想听个究竟，舍不得离去。总之，故事的轻重缓急要安排得贴切妥当，件件事要交代得有头有尾，扣人心弦。”

他听了以后，继续苦心钻研。他经常深入到人们中去，和各种人交朋友。在交往中，他发现，有许多上了年纪的人说起话来很吸引人，而声音又随故事情节的跌宕起伏而抑扬顿挫，感染力很强，尤其是说话时那种胸有成竹的神态，很值得学习。他每天都细心观察、模仿。又过了几个月，他又去请教老师。

老师听了他说的一段书后，说：“你现在进步已经不小了，听的人能聚精会神，但还要精益求精。说书的人要和故事中的人物打成一片，这样才能在动作、语言、神态上无不惟妙惟肖，使自己成了故事中的人物，才能吸引听众进入故事所表现的境界，连他们也忘了自己，忘了是在听书。这才是说书艺术最理想的境界。”

柳敬亭听了老师这番话，信心更足了，学习也更刻苦了。于是他进一步深入生活，熟悉人们的感情、爱好。他还常常说书给人们听，让大家评论，晚上再重新练习一遍，把大家的意见尽量采纳进去。

这样又过了几个月，他又去找老师。这次听了他说的书后，老师高兴得连翘大拇指说：“你现在已学到家了。还没张口，你已制造了故事中的气氛，等说起来时，听众的情绪就能够不由自主地跟着故事中的人物共鸣起来了。”老师拍着他的肩膀说：“你进步真快啊！真快啊！”

柳敬亭在名师的指点下，经过自己的刻苦研究，努力学习，终于成为一名有名的说书艺人。他走遍了大江南北，到处受到人们的热烈欢迎。

画圣吴道子尊老学艺

吴道子，唐朝开元盛世的画圣。

他天性聪明，一向好学，在向师傅学画的一群学生中，他的成绩最为突出，画得最好。师傅看他学有所成，决定让他出去闯荡一番。临别时向他赠言：“不拘成法，另辟蹊径。”

吴道子认为已经学得很好，自己了不起了，恃技狂傲。一次，与名画家杨惠之比画，结果比败了，他羞愤难当，不仅撕了自己的画，也把杨惠之的画抢过来撕掉了。

他没想到还有比他画得更好的人。他衣衫不整、失魂落魄地来到一家酒肆。正巧，当朝的秘书监贺知章和长史张旭正在豪饮。他们醉后挥笔，贺知章提笔写出一幅古拙沉雄、大有飞动之势的狂隶书：“酒中去寻蓬莱境，悠悠荡荡上青云。”而张旭展臂挥写，两行狂草出现在墙壁上，写道：“张颠自有沧海量，满壁龙蛇碗底来。”其字迹真如龙蛇狂舞，气势豪壮。

吴道子看得发呆，仿佛得见天人一般。他奔到贺、张二人面前，扑地跪倒，纳头便拜。贺、张二人见一满脸污垢的人跪在面前，以为是乞丐来乞讨，连忙扔下两把碎银，向门外走去。吴道子慌忙站起，跪到门前，把二位大人拦住，重又跪倒在地，说：“在下姓吴名道子，愿投在二位老先生门下学习书法。”贺、张二人这才明白吴道子的用意，但看他这副怪模样，都不大欣赏地摇了摇头。在他们看来，这个人怎么能学好字呢？贺知章拉着张旭，绕开吴道子又向门外走去。

吴道子一看，他们不肯认他为学生，重又站起，急得大叫：“二位先生慢走！”然后，跑过去连连叩拜不起，只叩得额头青紫，流出血来，嘴里还不住地说道：“道子实在是为先生的技法倾倒，望能收下弟子，望能收下弟子。”一时间声泪俱下。

贺、张为吴道子的一片挚诚所感动，忙过去把他扶起来。张旭取出自己写的楷、行、草三幅字给吴道子，要他先临习两年。张旭说：“字外无法，法在字中，勤奋就是诀窍。”

烈日炎炎，蝉鸣不已，吴道子在室内赤臂挥毫，练习楷书。他大汗淋漓，案上已积满了已书写过的纸张。

秋去冬来，大雪盖地，吴道子在书写狂草。

一年过去了，吴道子去拜见恩师。张旭见吴道子来，马上问道：“你为何刚临摹一载就来找我？”吴道子把一幅自己写的草书呈给张旭，回道：“弟子来请恩师指导一下……”张旭将条幅展开一看，很生气，随手掷于地上。吴道子见状，连忙跪在地上说：“恩师，弟子知道，技法还远未练成，然而弟子不是为学书法而学书法的。”“嗯?”张旭面有愠色。

吴道子说：“弟子本来志在丹青，现如今画坛技法俱已陈旧，弟子志在创新，另开蹊径，然而苦于无从下手。也是苍天助我，幸得偶见恩师书法，笔走龙蛇，气势磅礴，猛然悟得若能以书法绘画，便可一改前代画风，于是拜在恩师门下。现有一拙作，望恩师赐教。”说毕，将一幅兰叶描《金刚力士像》呈现在张旭面前。

张旭接画在手，展开观看，吴道子窥视着老师的脸色。但是，张旭却一脸平静，不动声色。观后，张旭将画卷了起来。

吴道子起身道：“弟子还要游遍远近山川庙宇，再练山水画技，就此告辞了。”说完，对着张旭拜了三拜，转身离去。

张旭待他走后，才展开画幅重新看了又看，赞叹道：“绝顶聪颖绝顶狂，天生道子世无双。”

吴道子这种尊敬长者，潜心学艺的品德，终于使他成为画坛的一代“画圣”。

长呼人，即代叫

原 典 赏 读

【原文】

长呼人，即代叫。人不在，己即到。

——《弟子规》

【译文】

长辈或年纪大的人有事呼唤人的时候，作为晚辈或年纪小的人，应该代为传达呼唤。如果那个人不在，自己应该主动去询问是什么事，如果可以帮忙就一定帮忙，不能帮忙时则代为转告。

慈 风 孝 行

在我们的日常生活中，如果碰到长辈或年纪比自己大的人要想找人，我们应该代为传达。如果被叫的人临时有事不能及时到来，代为传达的人也要及时回复长辈并看看自己能否帮助长辈解决什么问题，以宽慰长辈的心。当然，年长的人叫小辈到近前来，有的时候是有事需要和要叫的人商量，有时候也许只是让小辈来看看他，以解思念之情。身边的小辈明了了长辈的意思，传达时让长辈呼唤的人理解长辈的意思，完成长辈心愿是最终目标。当然，有可能长辈要呼唤的人不能马上去到长辈的身边，这时候，代为传达的人，也要替被传达的人表达好自己目前的处境，传达不能到长辈身边的原因，别让长辈惦念。同时，作为传达人也可问问长辈，看自己能够替他做些什么，尽量让长辈满意。这就是“人不在，己即到”的真实含义。

家风故事

郑板桥巧破对联

郑燮（1693—1766 年），字克柔，号理庵，又号板桥，江苏兴化人，祖籍苏州，清代著名书画家、金石家、诗人，历史上的杰出名人，“扬州八怪”的主要代表，以“三绝诗书画”闻名于世。

郑板桥在山东潍县担任县令时，喜欢微服私访体察民情。

有一天，郑板桥领着一名书童走到城南一个村庄，看到一所民宅的门上贴着一副新对联：

家有万金不算富，命中五子还是孤。

郑板桥感到很奇怪，既不过年又不过节，这家贴对联做什么？而且对联又写得十分含蓄古怪。于是，他便叩门进宅，见家中有一老者。老者强颜欢笑将郑板桥让进屋内。郑板桥见老人家徒四壁，一贫如洗，便问道：“老先生贵姓？今日有何喜事？”老者唉声叹气说：“敝姓王，今天是老夫的生日，便写了一副对联自娱，让先生见笑了。”郑板桥似有所悟，向老者说了几句贺寿的话，便告辞了。

郑板桥一回到县衙，就命差役将南村王老汉的十个女婿都叫到衙门来。书童纳闷，便问道：“老爷，您怎么知道那老汉有十个女婿？”

郑板桥给他解释说：“看他写的对联就知道了。小姐乃‘千金’，他‘家有万金’不是有十个女儿吗？俗话说了，一个女婿半个儿，他‘命中五子’，也正是十个女婿呀。”

书童一听，恍然大悟。

老汉的十个女婿到齐后，郑板桥给他们上了一课。不仅讲了孝敬老人的道理，还规定十个女婿轮流侍奉岳父，让他安度晚年。最后又严肃地说：

"你们之中如有哪个不善待岳父，本县定要治罪!"

第二天，十个女儿带着女婿都去上门看望老人，并带来了不少衣服、食品。王老汉对女婿们一下子变得如此孝顺有点莫名其妙，一问女儿，方知昨日来的是郑大人。

正所谓"敬老如敬子"，不仅道出了"孝"的重要意义，同时也告诉我们"敬"的重要意义。怎样去尊敬老人呢？用不着长篇大论，能做到"敬老如敬子"这五个字就足够了。这样，老人的晚年生活将会更加幸福，家庭的气氛将会更加温馨，我们的社会也一定会更加安定和谐。

对尊长，勿见能

原典赏读

【原文】

对尊长，勿见能。

——《弟子规》

【译文】

在有地位的人、受人尊敬的人、辈分高的人或年长的人面前，要表现得谦虚有礼，不能随意炫耀自己的才能，流露轻浮张狂的状态，以免让自己难堪。

慈风孝行

在尊长面前，不能主动地表现自己的才能，有两方面的含义。其一，是对长辈的尊重。我们不能在长辈面前太多表现自己多有能力，多有才华。比自己年龄大的人，经常会感叹年华已逝，有"我老了"的感觉，作为小辈要能理解长辈意味深长的叹息中，有多少无奈和不舍。曾经有一个哲人对晚辈说：“世界是你们的，也是我们的，但最终是你们的。”也曾有大哲人这样说过，未来的世界永远属于后辈人。正因为这样，我们才不能在尊长面前过多地表现自己的能力，这里面饱含对长辈的理解和尊重的真挚情感，也有不让尊长伤心的情意在里面。其二，是谦虚的表现。在长辈面前，不能太张狂，因为，长辈走过了很多或是灿烂或是辉煌或是失意或是彷徨的人生路程。正所谓历事炼心，在长辈的身上有许多宝贵的人生经验值得我们学习。作为晚辈，我们要以谦逊虚心的态度，不失时机地向长辈请教，才能够在以后的工作和生活中避免走弯路，也才可能得到长辈更多的提携和引领，而不是在长辈面前过多地炫耀自己的才能，否则就可能因此让长辈误解你的浮躁，而瞧不上你。

家风故事

李时珍敬老得偏方

李时珍（1518—1593年），字东璧，号濒湖，湖北蕲州（今湖北省蕲春县蕲州镇）人，其父李言闻是当地名医。李时珍继承家学，尤其重视本草，并富有实践精神，肯于向劳动人民学习。

李时珍38岁时，被武昌的楚王召去任王府“奉祠正”，兼管良医所事务。三年后，又被推荐上京任太医院院判。太医院是专为宫廷服务的医疗机构，当时被一些庸医弄得乌烟瘴气。李时珍在此只任职了一年，便辞职回乡。李时珍曾参考历代有关医药及其学术书籍800余种，结合自身经验和调查研究，历时27年编成《本草纲目》一书。此书是我国明朝以前药物学的总结性巨著，在国内外享有很高的评价，已有几种文字的译本或节译本。另著有《濒湖脉学》《奇经八脉考》等书。

1518年，李时珍出生在湖北蕲州东门外的瓦硝坝。李时珍从小就体弱多病，幸亏父亲是位医生，通过精心调治，李时珍的身体才逐渐好起来。因此，李时珍从小就对父亲特别崇敬。

青年时代的李时珍在考中秀才后，又去考举人，结果连考三次都失败了。从此，他不再应考，而是立志跟着父亲学医。

李时珍在当了医生以后，发现前人整理的药书中有不少错误。庸医根据这样的药书给人治病，经常治死人。比如，有一个大夫错把狼毒当成防葵，另一个医生把勾吻当成黄精，结果都治死了人。医生固然有责任，但李时珍一查，原来古代的药书中都把这几种药材记错了！

这件事对李时珍产生了很大的触动。从此，年轻的李时珍立下宏伟的志愿，决心重新修订古代传下来的医药大全——《本草》。这是件极为复杂的工作，好在李时珍有一位医术高明、德高望重的父亲。他有什么不明白的问题，都会虚心地向父亲请教。

一天，李时珍问父亲："书上记载白花蛇身上有二十四块斜方块花纹，是真的吗？"

父亲笑着对他说："咱们蕲州这个地方就出白花蛇，你去凤凰山捉一条，不就知道了吗？"

李时珍心想："对呀！父亲虽然经验丰富，也不是事事都亲身经历过呀。自己还年轻，为什么不可以进山捉一条白花蛇呢？"

李时珍请了一个专门捕蛇的老汉，他俩进了凤凰山。捕蛇人捉到了一条白花蛇，李时珍一看，白花蛇身上果然有二十四块斜方块花纹。

李时珍遵循父亲的教导，通过实践得出真知，这种办法十分可靠。他为了得到更多的书上学不到的知识，决定到各地去游历。他先后到过河南、河北、江苏等地，牛首山、天柱峰、茅山等地都留下过他的足迹。

一次，李时珍听说太和山上有一种很稀奇的果子叫榔梅，人吃了能长寿。他为了弄个水落石出，亲自上了太和山，在山间一座破庙里休息，他一边擦汗一边向看庙的老人请教："这山中可产榔梅？"

"你想采榔梅？那是仙果，可不能去采啊！"老人说："正面山路上皇上派兵守着呢！"

他向老人问清了上山的小路，摸进了山中，采到了榔梅。他仔细辨认了一下，发现榔梅不过是一种榆树类的果实，根本不是什么吃了能长寿的仙果！

在李时珍38岁那一年，皇帝命令各地官府把全国各地的名医推荐到太医院，李时珍也被推荐进京。但李时珍根本不愿进京当太医，由于听说在太医院里可以看到许多在民间看不到的医药书籍，他才进京任职。李时珍在太医院里饱览了各种药书，增长了不少知识。看够了，他就提出要辞职回家。在一般人看来，李时珍是个傻瓜。其实，他才不傻呢！他不愿意在京做官，他要回家修订《本草》这本巨著！

路上，在经过一个驿站的时候，他看见一个赶车的老车夫把一种粉红色的花放到锅里煮。

李时珍问道："老伯，煮这花做什么？"

车夫说："我们赶车的筋骨容易得病，经常煮点儿旋花汤喝，可以治疗筋骨病。"

李时珍高兴地把老车夫的话记下来。他无限感慨地说："想不到我从老百姓中得到这么多有用的偏方啊！谢谢您，老伯！"

回到家中，李时珍率领着徒弟、儿子们经过27年的辛勤劳动，从几百万字的笔记中整理出一百多万字的巨著《本草纲目》。这本举世闻名的药书不仅花费了李时珍毕生的心血，也凝聚着数千年来我国劳动人民智慧的结晶。图书完成的那一年，李时珍已经71岁了。

如果李时珍不尊重老者，不虚心听取有经验老者的意见，他的成就也必然会大打折扣。他这种尊老敬老的精神值得我们学习。在日常生活中，我们也要学会尊重、聆听老者的意见。

尊长前，声要低

原 典 赏 读

【原文】

尊长前，声要低，低不闻，却非宜。

——《弟子规》

【译文】

在与尊长交谈时，声音要尽量柔和适中，回答的音量放低一些，但低得让人听不清楚，就不是恰当的表现。

慈风孝行

和尊长讲话的时候，要将音量稍微压低一些，音色放得和缓柔软一些，以表明我们对尊长尊敬的态度。

我们年长的父母，我们的祖辈，年龄一天天地增长，因为他们年龄的缘故，听觉随着身体状况减退，可能不能准确听清楚你的话，不能准确分析出你要表达的意思，为了让长辈明白你所要表达的意思，我们在和他们说话时，一定要态度恭谨，语调柔和，一方面表明自己的诚敬，另一方面要让对方听清楚。

我们在和老师说话时，特别是要向老师请教时，也应该尊敬我们的老师，以恭敬的心对待老师。古人在向老师提问时，都要站起来，行拱手礼，得到老师允许后，才会以谦恭的态度请教。这和我们当代中国课堂中，先举手，得到老师允许，再发言或提问有些相似，都是要表达对老师的礼貌。

家风故事

田文劝父

《史记·孟尝君列传》中记载了田文劝父的故事。

田文，是战国时期著名的孟尝君，四公子之一，齐国宗室大臣，鸡鸣狗盗、狡兔三窟的典故说的就是他的事。

田文的父亲叫田婴。当初，田婴有四十多个儿子，他的小妾生了个儿子叫文，田文是五月五日出生的。田婴告诉田文的母亲说："不要养活他。"可是田文的母亲还是偷偷把他养活了。等他长大后，他的母亲便通过田文的兄弟把田文引见给田婴。田婴见了这个孩子愤怒地对他母亲说："我让你把这个孩子扔了，你竟敢把他养活了，这是为什么？"田文的母亲还没回答，田文立即叩头大拜，接着反问田婴说："您不让养育五月生的孩子，是什么缘故？"田婴回答说："五月出生的孩子，长大了身长跟门户一样高，会害父害母的。"田文说："人的命运是由上天授予，还是由门户授予呢？"田婴不知怎么回答好，便沉默不语。田文接着说："如果是由上天授予的，您何必忧虑呢？如果是由门户授予的，那么只要加高门户就可以了，谁还能长到那么高呢！"田婴无言以对，但从此就不再排斥他了。

过了一些时候，田文趁空问他父亲说："儿子的儿子叫什么？"田婴答道："叫孙子。"田文接着问："孙子的孙子叫什么？"田婴答道："叫玄孙。"田文又问："玄孙的孙子叫什么？"田婴说："我不知道了。"田文说："您执掌大权担任齐国宰相，到如今已经历三代君王了，可是齐国的领土没有增广，您的私家却积贮了万金的财富，门下也看不到一位贤能之士。我听说，将军的门庭必出将军，宰相的门庭必有宰相。您的姬妾可以践踏绫罗绸缎，而贤士却穿不上粗布短衣；您的男仆女奴有剩余的饭食肉羹，而贤士却连糠菜也吃不饱。您还一个劲地加多积贮，想留给那些连称呼都叫不上来的人，却忘记国家在诸侯中一天天失势。我私下认为是很奇怪的。”

从此以后，田婴改变了对田文的态度，器重他，让他主持家政，接待宾客。宾客来往不断，日益增多，田文的名声随之传播到各诸侯国中。各诸侯国都派人来请求田婴立田文为太子，田婴答应了。田婴去世后，田文果然在薛邑继承了田婴的爵位，他就是孟尝君。

第六章

用家风：治国管理孝为先

孝对于中国而言已经不仅仅是子女对于父母的敬重和赡养，而是成了一种独特的孝文化。在今天，孝文化不仅仅可以引导我们如何去做一个孝子，更可以在立身、处世、管理、治国等方面给我们指导。

孝之管理企业用

原典赏读

【原文】

夫孝，天之经也，地之义也，民之行也。

——《孝经》

【译文】

所谓孝，就是上天的规范，大地的准则，人最根本的品行，正确而不可改变的道理，民众以此为法则。

慈风孝行

社会中的孝道和企业中的孝道，是社会和企业运作的根本。孔子知道曾子对孝道已有领悟，于是说："孝道就像天道是符合天运行规律的原则，地道是符合四时变化的原则一样，它是符合百姓和员工实行的原则。"

儒家认为，"孝"是伦理道德的起点。一个重孝道的人，必然是有爱心的、讲文明的人。重孝道的家庭亲情浓郁，关系牢固；反之，必然是亲情淡薄，家庭结构脆弱、容易解体。而家庭是社会的基础，不重孝道将会影响到整个社会的稳定与和谐。

正像有人指出的："孝道不受重视，生存的体系就会变得薄弱，而文明的生活方式也会因此而变得粗野。我们不能因为老人无用而把他们遗弃，如果子女这样对待他们的父母，就等于鼓励他们的子女将来也同样对待自己。"

孝道看似与经营管理无关，但是就有人将它们联系在一起。在商业领域，有一些企业将孝道作为企业文化的核心部分，并倡导以孝道来管理企业。

企业的责任不仅是赚钱，它还影响一个族群和群体。企业稳定了，员工稳定了，家庭也会稳定；家庭稳定了，社会也就稳定了。企业领导人的责任就是为员工创造一个在行业内可以长期稳定发展的环境。

"百善孝为先"，中华民族是一个以孝道传世的民族，孝道是决定家庭、社会稳定发展与安危的最基本、最重要的道德。试想一个企业家没有孝悌，他怎能与企业共发展、爱员工、尊他人呢？对于一个人的内在品质来说，孝扩大开去，可以是仁、智、爱等不同的名词，但是从本质上讲，它们都是在用一种道德境界来引起他人的共鸣，以达到利于领导的目的。不管是出于道德上的原因，还是出于整体效益上的考虑，领导者都可以将孝的精神作为自己的管理宗旨，并直言不讳地将这一宗旨传达出去。让上下同心同德，更能起到良好的效果。

家风故事

以孝办企的李嘉诚

不尊敬别人父母的人，也不一定会敬重自己的父母。而那些能够孝敬父母的人，往往也能够体恤别人的疾苦，受人尊敬。

1943 年的冬天，李嘉诚的父亲去世了。为了安葬父亲，李嘉诚含着眼泪去买坟地。按照当时的交易规矩，买地人必须付钱给卖地人之后才可以跟随卖地人去看地。李嘉诚将钱交给卖地的两个客家人之后，坚持要看地。

沉浸在丧父之痛中的李嘉诚，想着连日来和舅父、母亲一起东奔西走，总算凑足了这笔安葬费，想着自己能够亲自替父亲买下这块坟地，心里总算有了一丝慰藉。这两个卖地人走得很快，山路泥泞，加上风雨交加，李嘉诚却紧跟不舍。卖地人见李嘉诚是个小孩，觉得好欺骗，卖给他的竟是一块埋有他人尸骨的坟地。他们到了地方之后，用客家话商量着如何掘开这块坟地，将他人的尸骨弄走。

他们不知道李嘉诚能听得懂客家话的。李嘉诚万分震惊，心想世界上居然有如此黑心挣钱的人，连死去的人都不肯放过。李嘉诚想到父亲一生光明磊落，如果安葬在这里，他在九泉之下是绝对不会安宁的。但与此同时这两个人又是绝不会退钱给他的。李嘉诚做出了一个痛苦的决定：他告诉他们不要掘地弄走他人尸骨了，他决心再次筹钱，另找卖主。

这次买地葬父的几番周折，深深地留存在李嘉诚的记忆深处。他说："我对自己有一个约束，并非所有赚钱的生意都做。有些生意，给多少钱让我赚，我都不赚。有些生意，已经知道是对人有害，就算社会容许做，我都不做。"

李嘉诚出任10余家公司的董事长或董事，但他把所有的董事年薪全部归入长实公司账上，归大家所有。他自己全年只拿5000港元，一直如此。5000港元的董事袍金，还不及长实公司一个清洁工20世纪80年代的年收入。以当时的水平，像长实这样赢利极佳的大公司董事局主席，一年最少也有数百万港元薪水。进入90年代，便猛增到1000万港元上下。李嘉诚的大商人风范赢得了公司股东的一致好感，因此，他想办的大事，很容易得到股东大会的通过。

多少年来，李嘉诚旗下的公司人员流动率低于1%。如此低的人员流动率，在香港的大企业中仅此一家。不管是企业高管人员还是一般员工，他们中的绝大多数对公司是有认同感和归宿感的。20世纪70年代，塑胶花早过了黄金时代，根本无钱可赚。长江地产业当时的赢利已十分可观，但长江集团仍在维持小额的塑胶花生产，这是李嘉诚顾念着老员工，给他们生计。

李嘉诚说："一家企业就像一个家庭，他们是企业的功臣，理应得到这样的待遇。现在他们老了，作为晚一辈，就该负起照顾他们的义务。"这是李嘉诚对员工的情意。香港多年来产生的"打工皇帝"，不少是出自李氏集团的高管人员。李嘉诚说："虽然老板受到的压力较大，但是做老板所赚的钱，已经多过员工很多，所以我事事总不忘提醒自己，要多为员工考虑，让他们得到应得的利益。"正是李嘉诚将心比心、体恤员工，与员工分享利益，才使整个集团形成了强大的凝聚力和向心力。

李嘉诚说："我觉得，顾及对方的利益是最重要的，不能把目光仅仅局限在自己的利益上，两者是相辅相成的，自己舍得让利，让对方得利，最终还是会给自己带来较大的利益。占小便宜的人不会有朋友，这是我小的时候我母亲就告诉过我的道理，经商也是这样。"

李嘉诚对父母的孝顺和对员工的关爱，受到了员工们的敬仰，所以李嘉诚才会把企业办得越来越好，他说："我首先是一个人，再而是一个商人。"无论是做人，还是经商，李嘉诚都与人为善，敬父母，爱员工，所以他的事业让人景仰，他的人格魅力也让人景仰。

以身作则孝服人

原典赏读

【原文】

有觉德行，四国顺之。

——《诗经》

【译文】

如果君主有正直的德行，那么四方的国家都会归顺。

慈风孝行

现代管理者，首先需要做的就是树立威信，然而威信不是制度，而是自己修炼出来的，威信就是德行和能力。领导者应该有君子之风，只有成为下属的道德楷模，才能让下属真正佩服，并死心塌地地跟随领导。而在道德里面，孝为先。

“举孝廉”是封建社会选拔人才制度中的一项重要内容和措施，具有很强的“人治”色彩。因为判定谁孝谁不孝，全由举荐者的主观好恶而定，它既没有客观的标准，又缺少严格的具有法定意义的举荐程序和规章，不具操作性。孝有大小之分，真伪之别，拿什么标准来判定？就是看这个人是否以身作则。作为领导，想要让员工佩服，就要以孝道来服人。

不讲孝道，你其他方面做得再好，也只是个枭雄。不讲孝道，周围的朋友一定会认为你这个人太虚伪了，连父母都不孝顺，你还会爱谁呢？那样的话，下属不希望在你手下干活，你的合作伙伴也不愿意与你合作。

孝敬，在我国历来被人们所推崇。“孝道”是千百年来中国社会维系家庭关系的道德准则，孝敬老人，赡养父母，是中华民族的传统美德。古往今来，孝敬父母的尽孝典范数不胜数。从古往今来的尽孝典范中可以看出，只要是孝敬父母的官员，他也应当是一个热爱人民的好官，是一个敬业的好官，当今的领导干部也要在这方面为群众做出榜样。

家风故事

最孝顺的皇帝——汉文帝

自孔子倡导“仁孝治国”以来，后世的帝王无不以“孝道”做幌子，尊奉“圣朝以孝道治天下”的管理格言。然作秀的多，真孝的少，汉文帝刘恒可算是“孝”皇帝之冠。凭什么说刘恒是中国历史上最孝的皇帝呢？

刘恒大孝之名并非空穴来风，他扎扎实实做了几件“前无古人，后无来者”的大孝事。

1. 母有病亲奉汤药

刘恒的母亲薄氏本是南方的吴国人，少时有一位叫许负的看相人曾说过她是大贵之命。她的命贵在哪呢？就贵在她与刘邦相识，后来又生了刘恒，从此虽不受刘邦的宠爱，但所谓“福兮祸兮”，因不受刘邦的宠爱而躲过了嫉妒成狂的吕后的迫害。刘恒母子远离皇城来到被封的代地，踏踏实实过起了虽贫寒但非常安稳的日子。薄氏是一位有如孟母的贤德之人，教子有方，刘恒的学识修养大多受其母的影响。刘恒登基为帝后，薄氏卧病三年，刘恒不顾自己帝王的身份，常常目不交睫、衣不解带，亲自侍奉母亲。母亲所服的汤药，他总要亲口尝过后，冷热相宜才放心让母亲服用。作为一个皇帝，他只要发一道圣旨，就会有太监、宫女前来伺候，但他不，唯有如此，才显示出他孝的真心。俗语说："忠臣孝子人人敬，佞党奸贼留骂名。"刘恒的做法得到了众多臣子由衷的拥戴，辅佐他开创了"文景之治"的大好局面。

2. 大孝天下惠苍生

刘恒的孝，并非只针对他自己的母亲，作为一个皇帝，他对普天之下的老人都心存孝道。他登基时第一道圣旨是"大赦天下"，这和其他皇帝没什么两样，但他登基的第二道圣旨"定振穷、养老""令四方毋来献"则是很多皇帝做不来的，这道圣旨表达了刘恒爱护百姓、体恤民情、关心老人的意愿，"对 80 以上的老人，每人每月可以赐给米一石，肉二十斤，酒五斗；90 以上的老人，每人再加赐帛二匹，絮三斤。赐给 90 岁以上老人之物，必须由县丞或者县尉送达；其他由啬夫来送达。"代表国家向老人行孝，刘恒可说是首开先河。这么仁德的皇帝，人民怎么会不拥护呢？

3. 成全孝道废酷刑

刘恒本身是大孝之人，对孝子贤孙自然是惺惺相惜。著名的"缇萦救父"的故事，说的就是刘恒的事。汉文帝时，有个读书人叫淳于意，此人刚直不阿，不愿与腐败的官僚为伍，辞去太仓令的官职做起了普济天下的医生，在一次治病时得罪了一位有权势的人，他被告误诊害死人命。按当时的法律，淳于意当判"肉刑"，这是一种非常残酷的刑罚，或脸上刺字，或割去鼻子，或砍去左足或右足。淳于意愁若不堪，这时他的小女儿淳于缇萦自告奋勇要解救父难。她随父到长安受刑，托人写了一封奏章，到宫门口递给守门的人。汉文帝听说奏章系一个小姑娘所写，却也非常重视，最后被勇敢的小姑娘的孝道所感动，召集大臣发布命令，废除了残忍的肉刑。缇萦救父美名扬，刘恒的仁德也随之传于四海。

中华历史上有著名的“二十四孝”，汉文帝刘恒以皇帝的身份入选，是很不容易的。作为一国之君，他以孝治天下，提倡轻徭薄赋、与民休息、节俭淳朴、厚养薄葬，靠仁孝的表率作用开创了中国第一个盛世“文景之治”。作为中国历史上最孝顺的皇帝，彪炳史册也就成了必然。

身处高位不骄傲

原典赏读

【原文】

在上不骄，高而不危，制节谨度，满而不溢。高而不危，所以长守贵也；满而不溢，所以长守富也。

——《孝经·诸侯章第三》

【译文】

身为诸侯，在众人之上而不骄傲，其位置再高也不会有倾覆的危险；生活节俭、慎行法度，财富再充裕丰盈也不会损益。居高位而没有倾覆的危险，所以能够长久保持自己的尊贵地位；财富充裕而不奢靡挥霍，所以能够长久地守住自己的财富。

慈风孝行

诸侯的地位，虽仅次于天子，但作为一国或一地方的首长，地位也算很高了。

位高者，不易长久保持，而易遭危殆。假若能谦恭下士，而无骄傲自大之气，地位虽高，也没有危殆不安的道理。关于地方财政经济事务，要有计划的管制，有预算的节约，并且照着既定的方针，谨慎度用，量入为出，自然收支平衡，财政便充裕丰满。然满则易溢，如照以上的法则去切实执行，那库存虽然充盈，不浪费，自然不至于溢流。地位很高，没有丝毫的危殆，这自然能保持他的爵位。财物充裕，运用恰当，虽满而不至于浪费，这自然能保持他的富有。

诸侯，是天子所分封的各国的国君。此章对诸侯进行劝孝：要求诸侯“在上不骄”“制节谨度”，方可“长守贵”“长守富”“保社稷”。为什么这么说呢？

在上不骄，高而不危——身居高位但不骄傲，那么即使高高在上也不会有倾覆的危险；制节谨度，满而不溢——俭省节约，慎守法度，那么即使财富充裕也不会僭礼奢侈；高而不危，所以长守贵也——高高在上而且没有倾覆的危险，这样就能长久地保住尊贵的地位；满而不溢，所以长守富也——财富充裕也不会僭礼奢侈，这样就能长久地守住财富。

所以说像诸侯这样身处高位的人，要想消灾免祸、长守富贵、保住国家，就要用战战兢兢、如临深渊、如履薄冰的心态来对待自己、约束自己，就像身临深渊唯恐坠落，就像脚踏薄冰唯恐沉沦一样。

家风故事

楚庄王高而不骄

公元前613年，楚成王的孙子楚庄王即位，做了国君。晋国趁这个机会，把几个一向归附楚国的国家又拉了过去，订立盟约。楚国的大臣们很不服气，都向楚庄王提出要他出兵争夺霸权。可楚庄王不听那一套，白天打猎，晚上喝酒、听音乐，什么国家大事全不放在心上，就这样窝窝囊囊地过了三年。他知道大臣们对他的作为很不满意，还下了一道命令：谁要是敢劝谏，就判谁的死罪。

有个名叫伍举的大臣，实在看不过去，决心去见楚庄王。楚庄王正在那里寻欢作乐，听到伍举要见他，就把伍举召到面前，问：“你来干什么？”

伍举说："有人给我猜了个谜，我猜不着。大王是个聪明人，请您猜猜吧。"楚庄王听说要他猜谜，觉得有意思，就笑着说："你说出来听听。"伍举说："楚国山上，有一只大鸟，身披五彩，样子挺神气。可是一停三年，不飞也不叫，这是什么鸟？"楚庄王心里明白伍举说的是谁，他说："这可不是普通的鸟。这种鸟，不飞则已，一飞就要冲天；不鸣则已，一鸣就要惊人。你去吧，我已经明白了。"

过了一段时期，另一个大臣苏从看楚庄王还没有动静，又去劝说楚庄王。楚庄王问他："你难道不知道我下的禁令吗？"苏从说："我知道，只要大王能够听取我的意见，我就是触犯了禁令，被判了死罪，也是心甘情愿的。"楚庄王高兴地说："你们都是真心为了国家好，我哪会不明白呢？"

从此以后，楚庄王决心改革政治，一面把一批奉承拍马的人撤了职，把敢于进谏的伍举、苏从提拔起来，帮助他处理国家大事；一面制造武器，操练兵马。当年就收服了南方许多部落，第六年打败了宋国，第八年又打败了陆浑（今河南嵩县东北）的戎族，一直打到周都洛邑附近。这个一鸣惊人的楚庄王很快就成了霸主。

这就是身处高位而不骄傲，慎守法度的诸侯之孝。作为诸侯，只有做到了这一点，才能保其社稷。

忠心孝心一颗心

原典赏读

【原文】

夙兴夜寐，无忝尔所生。

——《诗经·小雅·小宛》

【译文】

要早起晚睡，兢兢业业，千万不要因为不忠不顺而遭惩处，使你的父母为之蒙羞。

慈风孝行

古人选拔人才注重“举孝廉”，一个是孝顺，一个是廉洁。能够孝顺父母的人，他必定能够忠于领导、忠于国家；一个廉洁的人，他必定不会贪污、不会腐败、不会堕落。这条标准对于当今社会也同样适用。忠心和孝心是一颗心，不是两颗心，建立在孝心基础上的忠诚才是真正的忠诚。

家风故事

夫妻同死尽忠孝

公元265年冬，川西平原上朔风阵阵，天气格外阴冷。成都城外布满魏军营帐，城下也时时可以看到敌人哨探的影子。马上就要攻城了，军情告急，谁心中都清楚，蜀国灭亡只在旦夕。

城中百姓人心惶惶，随时准备逃命，后主刘禅宫中的形势也非常紧张，他召集群臣，商量对策。

“陛下，不如撤往南中，据险固守，以图再复。”有大臣说，而应者寥寥。

“陛下，莫如东投孙吴，联吴拒魏，待日后再起。”应者可数。

后主刘禅脑袋上冒着汗，哭丧着脸，望着众文武大臣，不知如何是好。

“陛下，臣启奏皇上。”一直在旁边转着圆眼珠拿主意的光禄大夫谯周开口了，他说：“今日之势，国必破。国破则君性命难保，莫如送去降书，开城投降，北归曹魏，以全性命。”一些文武大臣也齐声附和。

“是啊！这倒是个好主意。战又战不过，逃又无处去，看来也只好这样了。”后主刘禅这样想着，便命人写降书，准备送出城去。

“父皇！万万不可投降。”屏风后面走出一人，正是后主刘禅第五子北地王刘谌。他颇具其祖父刘备的遗风，平时对父亲刘禅的做法很是不满，几次劝谏而刘禅总是不听。在此国事危急之时，他再也忍不住了，只见他怒容满面，一把夺过降书，撕得粉碎，摔在谯周的脸上，然后跪在后主刘禅面前，痛陈道："父皇，虽然魏军兵临城下，但我都城尚未破，国还未亡，岂能把祖宗基业拱手送与他人。想先帝辛苦创业，东奔西走，并无立足之地，后占荆州，取西川，始立国，方留下这块基业，今日父皇欲降曹魏，怎对得起先帝在天之灵。今日城已被围，莫如坚守城池，决一死战，胜则可保大汉基业，败则与城共亡，你我君臣父子，为祖忠孝两全。"刘谌说着，不免长叹一声，禁不住已是泪流满面。

刘谌又指着谯周，怒斥到："你等身为朝廷大臣，不辅佐皇帝共保汉室基业，反而主张开城投降，怎算是忠……"一番话说得众大臣都哑口无言。

后主刘禅投降之心已定，不等刘谌说完，就命人把他拖出宫外。慌忙派人带着玉玺出城请降去了。

刘谌见已经无法说服父皇，便只身来到祖庙，跪倒在先帝刘备的神位前，失声痛哭，泪如雨下，边哭边说："我未能说服父皇守住江山，是祖宗的不肖子孙。"刘谌的哭声凄凉、悲壮。闻声赶来的百姓也都被北地王刘谌的忠孝所感动。想起国破家亡在即，禁不住悲从中来，跟着跪地痛哭，一时哭声传出几里之外。

刘谌回到家中，决定以死报祖，尽忠全孝，誓不偷生，便对妻子崔夫人说："父皇已决定投降魏国了，为了对先帝尽孝，我不能苟全性命于世上。"

崔夫人说："既然如此，我岂能一人活着做亡国之奴，也愿随你一同去。"

于是，北地王刘谌对供养先帝神位的方向拜过之后，拔剑自刎。崔夫人也自尽而亡。

后主刘禅投降魏国之后，和五个儿子一起被送往洛阳，过那种"乐不思蜀"的日子去了。而北地王刘谌虽然死去了，却深受人们称赞。后人有诗写道："君臣甘屈膝，一子独悲伤。去矣西川事，雄哉北地王。捐身酬烈祖，搔首泣穹苍。凛凛人如在，谁云汉已亡？"

是啊，连父皇都投降了，自己随着投降又有什么呢？然而，人活在世上，要对国尽忠，对祖尽孝，当国与家合二为一时，那就是尽忠全孝了。

君臣忠义即慈孝

原典赏读

【原文】

子曰：君子之事上也，进思尽忠，退思补过，将顺其美，匡救其德，故上下能相亲也。

——《孝经》

【译文】

孔子说：君子侍奉君王，在朝廷为官的时候，要想着如何竭尽其忠心；退官居家的时候，要想着如何补救君王的过失。对于君王的优点，要顺应发扬；对于君王的过失缺点，要匡正补救，所以君臣关系才能够相互亲敬。

慈风孝行

君臣之间的忠义，实际上与父母和儿女之间的慈孝是相同的，都是同一颗爱心。只是这颗爱心在不同关系上有不同的体现。

忠于上级就要做到以下几点：

1.服从上级的命令

按时完成上级分派的工作任务，以配合他的工作计划，这就是让上级最高兴的事。

2.维护上级形象

会议之前让上级掌握自己工作领域的动态和现状，让他在会上谈出来，上级形象好的时候，你的形象也就好了。

3.与上级保持良好的沟通

重要的事必须请示他，多和他商量。

4.尽自己所能，主动替上级分担重任

当上级无法顺利完成工作，感到困难时，通常会寻找能让他放心委托的部下，以摆脱困难，如果你了解上级的这种期望，主动替上级分担，他一定会惊喜万分。

5.不要逃避，帮上级渡过难关

6.细心观察，在上级情感最脆弱的时候去安慰他

家风故事

唐太宗与魏徵

唐太宗与魏徵既是君臣，又是朋友。没有唐太宗的贤明大度，就不会有魏徵的忠直；而没有魏徵的忠直，唐太宗就少了一面文治武功的镜鉴。二人相互衬托，相辅相成。

当初，魏徵是唐太宗对手的部下，是唐太宗的爱才之心，才使魏徵有了发挥才干的平台。他不仅帮唐太宗制定了“偃武修文，中国既安，四夷自服”的治国方针，也时时刻刻修正着唐太宗的谬误。他为唐太宗讲解了“民可载舟，又可覆舟”“兼听则明，偏信则暗”的治国道理，也常常犯颜直谏。从贞观初到贞观十七年魏徵病故为止，17 年间魏徵谏奏的事，有史籍可考的达 200 多项，内容涉及政治、经济、文化、对外关系和皇帝生活等，都知无不言，言无不尽。

当然，皇帝也有愤怒的时候，有时唐太宗回宫后发火，想要杀了魏徵，但他不愧为一代贤明君主，火气过后又为有这样的忠谏之臣感到欣慰，就一

次次原谅魏徵的犯颜直谏。

魏徵死后，唐太宗极为伤感地对众臣说："以铜为鉴，可以正衣冠；以古为鉴，可以知兴替；以人为鉴，可以明得失。今魏徵逝，一鉴亡矣。"

领导者以孝教化

原典赏读

【原文】

子曰：故明王之以孝治天下也如此。

——《孝经》

【译文】

孔子说：所以，圣明的君王以孝道治理天下，就会像上面所说的那样。

慈风孝行

孝心是天伦领域常开不败的花朵，透着自然的温馨。人一生的付出，期望的就是儿孙的肯定和回敬。养儿为了防老，在以家庭养老为核心的保障体系下，这是一条很自然的法则和规律。任何一个懂事的成年人都会明白，不管自己现在有多么强壮，总有一天自己的体力会衰竭。人都担心变老、害怕变老。因此，建立一套养老的制度是必然的。

在古代，生产和生活是以家庭为单位的。国家也是家，古代是家国一体的。国家对老人是不担负任何义务与责任的。皇帝是一个大家长，天下百姓都是他的子民。按照古代孝的规则，子民要赡养自己的父母，因此，百姓都要给皇帝交皇粮。通过这种体系，皇帝得到了好处，维护了自己的利益和地位。但他不敢独享这些利益，他必须造就一批既得利益集团来维护自己的地位，来肯定自己设定的制度。哪些人合适成为这个集团中的人呢？当官的人当然是，但还不够。家是社会最基本的单位，因此，每家每户都要有一两个代表，而父母无疑是最合适的。给予父母一些权力，如惩戒权、处死权。父母管好自己的家门，不要出事。出了问题，就要实行连坐，祸及九族。为了维护孝的权威，国家将其与法律联系起来，认为“五刑之属三千，而罪莫大于不孝”，依靠暴力来促进孝的实施。国家通过教育和考试，不断做舆论宣传工作，让年轻人接受孝道的意识形态，对父母孝敬和体贴。家长地位巩固了，皇帝的地位也就巩固了。因此，孝受到各朝统治集团的高度重视，没有家的稳定，也就不会有国家和社会的安宁。

家风故事

百姓官，尽孝道

吴隐之，晋代濮阳甄城人，字处默。他是个儒雅的君子，饱读诗书，为人义气。吴隐之从小就是一个孝顺的孩子，不管有什么好吃的、好用的，他都让父母先吃、先用，街坊四邻都知道他是个孝顺的孩子。

在他十几岁时，父亲因病去世了，他悲痛的哭声让听到的人无不心酸流泪，哪怕只是路过的行人。在父亲过世之后，他与母亲相依为命，对母亲更是孝顺，在母亲去世后，由于家里贫穷，请不起人为他哭吊母亲奏哀乐，这时候总有两只仙鹤过来哀叫，更是增添了哀伤之情；而每当他祭祀母亲的傍晚，一群大雁总会在他家附近聚集。

大家都说吴隐之的孝顺感动了天地，因此上天派仙鹤和大雁给他助哀。他的孝心不但感动了天地，还感动了很多人，由于他家就住在掌管国家祭祀礼乐的太常韩伯康家隔壁，每当吴隐之哭泣的时候，韩母就难过得吃不下饭，她对儿子说：“像吴隐之这样的孝子实在是太难得了，以后你要是做了官，一定要举荐这样的人呀！”

后来，韩伯康做吏部尚书的时候，就引荐吴隐之做了辅国功曹。

无论是老百姓还是当官者，都要以孝为主，因为只有爱父母，才能更好地爱百姓。狄仁杰就是一个典范。

狄仁杰，唐朝太原人，字怀英，在武则天统治时期，曾经两次出任宰相。在狄仁杰小的时候，他的父母就经常教导他做人要正直、善良，长大以后要保家卫国。在做宰相期间，他从来不敢忘掉父母的教导，一直清正廉明，最让人称道的是，凡是经过他手审理的案子，鲜有诉冤者，因此，狄仁杰深受百姓爱戴。

有一次，他的一位同僚被武则天派往边疆出使，临行之际，母亲却得了重病，这个人心中十分悲痛，很想在母亲身边侍候。狄仁杰听说了这件事，就特地奏请皇帝改派别人，让这个人能够在此时尽孝。

狄仁杰很愿意帮助别人实现他们的孝心，但他为了更好地为国家效力，为百姓办事，不辜负父母对他的期望，他很少有时间回家探亲，因此思念起父母来，常有怅然之情。

有一次，他出外巡视，途中正好经过太行山，他登上山顶，望着天上的白云，指着家乡的方向，对他的随从伤感地说："我的亲人就住在白云底下。"说着还流下了思亲的泪水。一直望了好久，他才依依不舍地离去，随从的人无不为之感动。

后来有人写诗这样赞颂狄仁杰："朝夕思亲伤志神，登山望母泪流频。身居相国犹怀孝，不愧奉臣不愧民。"

为官者更要孝顺，因为他们是百姓学习的典范，如果当官者都不孝顺自己的父母。那么，慢慢地天下就会失去温情。

可见尽孝者，百姓都会爱戴你。对于司马光砸缸的故事我们都耳熟能详，这里我们要讲的是他孝顺的事情。

司马光 20 岁时考中了进士甲科，后来被任命为奉礼郎，当时他的父亲在杭州做官，他便请命要求改任苏州判官，以便离父亲近些，可以奉养双亲。在洛阳时，司马光每回去夏县老家扫墓，都要去看他的哥哥司马旦。司马旦年近 80，司马光不仅像尊敬父亲一样尊敬他，还像照顾婴孩一样照顾他。

他在担任并州通判时，西夏人经常入侵并州，成为当地一大祸患。于是，司马光向上司庞籍建议说："修筑两个城堡来控制西夏人，然后招募百姓来此地耕种。"庞籍听从了他的建议，派郭恩去办理此事。但郭恩是一个莽汉，带领部队连夜过河，因为不注意设防，被敌人消灭。庞籍因为此事被罢免了。司马光过意不去，三次上疏朝廷自责，并要求辞职，没有得到允许。庞籍死后，司马光便把他的妻子拜为自己的母亲，抚养庞籍的儿子像抚养自己的亲兄弟一样，当时人们一致认为司马光是一个贤德之人。

后来，67 岁高龄的司马光担任了宰相一职。他执政一年半，竭尽全力日夜操劳，耗尽了毕生心血之后与世长辞。噩耗传出，"京师人为之罢市往吊，哭公甚哀，如哭其私亲。四方来会葬者盖数万人。"他的画像"天下皆是，家家挂像，饭食必祝"。

孝企应无为而治

原 典 赏 读

【原文】

子曰：无为而治者，其舜也与？

——《论语》

【译文】

孔子说：能够无所为而治理天下的，大概只有舜吧？

慈 风 孝 行

春秋末期，老子在《道德经》中首次提出了"无为而治"的管理思想：

“我无为而民自化，我好静而民自正，我无事而民自富，我无欲而民自朴”“为无为，则无不治”。随着国学复兴，人们又重新发现了老子“无为思想”的弥足珍贵之处。它被誉为“中国管理哲学的一块瑰宝”，是道家辩证法思想在管理方面的运用和在管理实践中的延续，在中华五千年的文明史中占有重要地位。

然而，深受西方管理思想影响的企业人士，难免心生疑窦：没有制度，没有规范，如何统领庞杂的企业？做企业就是要有所作为，“无为”的话还做企业干吗？

有人说：“‘无为’在最初原始科学的道家思想中，是指‘避免反自然的行动’，即避免拂逆事物之天性，凡不合适的事不强而行之，势必失败的事不勉强去做，而应委婉以导之或因势而成之。”孝子们认为，“无为”生活就是给父母一份安享的生活。“无为”管理作为一种高境界的领导智慧，对于改善组织的管理状况，提升组织的管理水平，通过无为管理实现无不为的战略目标，同样具有重要的借鉴价值及实践意义。

家风故事

“萧规曹随”的故事

汉高祖刘邦死后，汉惠帝即位，当时辅佐朝政的宰相是汉代开国元勋之一——曹参。惠帝慢慢发现，曹丞相一天到晚都请人喝酒聊天，好像根本就不用心为他治理国家似的。惠帝感到很纳闷，又想不出个所以然来，只以为是曹相国嫌他太年轻了，看不起他，所以不愿意尽心尽力来辅佐他。惠帝左想右想总感到心里没底，有些着急。

有一天，惠帝就对在朝廷担任中大夫的曹窋(曹参的儿子)说：“你休假回家时，碰到机会就顺便试着问问你父亲，你就说：‘高祖刚死不久，现在的皇上又年轻，还没有治理朝政的经验，正要丞相多加辅佐，共同来把国事处理好。可是现在您身为丞相，却整天与人喝酒闲聊，一不向皇上请示报告政务，二不过问朝廷大事，要是这样长此下去，您怎么能治理好国家和安抚百姓呢？’你问完后，看你父亲怎么回答，回来后告诉我一声。不过你千万别说是我让你去问他的。”曹窋接受了皇帝的旨意，休假回家后，找了个机会，一边侍候他父亲，一边按照汉惠帝的旨意跟他父亲闲谈，并规劝了曹参一番。曹参听了他儿子的话后，大发脾气，大骂曹窋说：“你懂什么朝政，这些事是该你说的呢？还是该你管的呢？你还不赶快给我回宫去侍候皇上。”一边骂一边拿起板子把儿子狠狠地打了一顿。

曹窋遭了父亲的打骂后，垂头丧气地回到宫中，并向汉惠帝大诉委屈。惠帝听了后就更加感到莫名其妙了，不知道曹参为什么会发那么大的火。

第二天下了朝，汉惠帝把曹参留下，责备他说：“你为什么要责打曹窋呢？他说的那些话是我的意思，也是我让他去规劝你的。”曹参听了惠帝的话后，立即摘帽，跪在地下不断叩头谢罪。汉惠帝叫他起来后，又说：“你有什么想法，请照直说吧！”曹参想了一下就大胆地回答惠帝说：“请陛下好好地想想，您跟先帝相比，谁更贤明英武呢？”惠帝立即说：“我怎么敢和先帝相提并论呢？”曹参又问：“陛下看我的德才跟萧何相国相比，谁强呢？”汉惠帝笑着说：“我看你好像是不如萧相国。”

曹参接过惠帝的话说：“陛下说得非常正确。既然您的贤能不如先帝，我的德才又比不上萧相国，那么先帝与萧相国在统一天下以后，陆续制定了许多明确而又完备的法令，在执行中又都是卓有成效的，难道我们还能制定出超过他们的法令规章来吗？”接着他又诚恳地对惠帝说：“现在陛下是继承守业，而不是在创业，因此，我们这些做大臣的，就更应该遵照先帝遗愿，谨慎从事，恪守职责。对已经制定并执行过的法令规章，就更不应该乱加改动，而只能是遵照执行。我现在这样照章办事不是很好吗？”汉惠帝听了曹参的解释后说：“我明白了，你不必再说了！”

曹参在朝廷任丞相三年，极力主张清静无为不扰民，遵照萧何制定好的法规治理国家，使西汉政治稳定、经济发展，人民生活水平日渐提高。他死后，百姓们编了一首歌谣称颂他说：“萧何定法律，明白又整齐。曹参接任后，遵守不偏离。施政贵清静，百姓心欢喜。”

这就是历史上有名的“萧规曹随”的故事。这个故事告诉了我们“无为管理”的真正含义。无为并不是放任自流，而是不胡为、不妄为、不乱为，顺应客观态势，尊重客观规律，有所为和有所不为。

兄弟和，事业成

原典赏读

【原文】

父子和而家不退，兄弟和而家不分。

——《增广贤文》

【译文】

父亲和儿子团结一致，家就不会衰败；兄弟之间和睦相处，家就不会四分五裂。

慈风孝行

其实在一个家庭里，兄弟和睦是非常重要的，父母也会因此而骄傲与放心。兄弟之间和睦相处是家道兴隆的基础。放眼当今社会，有许多家族企业皆由兄弟姐妹携手创立，在激烈的市场竞争中联手经营、相互激励、共渡难关，最终成就一方霸业而受人敬慕。所以，兄弟之间一定要互相帮助和扶持，只有团结起来，才能成长、进步，成就事业。

家风故事

郑均感化兄长

郑均，东汉河北任县人，字仲虞，他善良、正直，郑均还有一个哥哥，与郑均不同，哥哥仗着自己是县衙里的官吏，经常收别人的贿赂，每当这个时候，郑均就感觉特别痛心，他不止一次地劝告哥哥要清廉做官、堂堂正正做人，不要再收别人的贿赂了。但哥哥总是觉得别人送的银两不收白不收，他不但不听从郑均的劝告，反而认为郑均太傻。

郑均看这样劝哥哥根本不听，一气之下就到外地给别人做佣工去了，这一做就做了一年，等到岁末的时候才回家。

回家之后，郑均稍微休息了一下，就拿着挣到的银两去见哥哥，他把这一年挣的银两全给了哥哥让他花，然后对哥哥说："你看，要是我们缺银两，可以自己去挣回来；但如果我们失去的是名声，那我们去哪儿再挣回来呢？你总是收别人的贿赂，这是被人看不起的行为，不光你自己被人看不起，我们的后代也会被连累到，遭人唾弃。哥哥你说是不是这个道理呢？"

郑均的哥哥觉得弟弟说得有理，从此，没有再收过别人的贿赂，成了一个大家都爱戴的清廉官员。

鲁恭孝悌两全

鲁恭，东汉陕西人，字仲康。在光武帝统治时期，鲁恭的父亲任武郡太守，在鲁恭 12 岁、弟弟鲁丕仅 7 岁的时候，他们的父亲生了重病去世了。

鲁恭和弟弟十分伤心，他们把父亲在老家安葬完之后，又为父亲守了三年孝，甚至比一些成年人都做得好。那些邻居和乡亲都说他们是孝顺的孩子。

在父亲去世之后，鲁恭和母亲、弟弟三人相依为命。鲁恭学习勤奋努力，进步很快，他不但每天都照顾母亲和弟弟的饮食起居，还代替母亲天天督促弟弟的学习，在他的督促和指导下，弟弟进步也很快。

由于鲁恭的才学逐渐被众人所知，所以官府屡次派人邀请他去做官，但是鲁恭每次都是婉言谢绝。后来母亲感觉十分不解，就问他为什么这么好的机会都要放弃，毕竟好男儿应该做出一番自己的事业来才对。这时候，鲁恭才告诉母亲自己不做官是因为害怕没人再督促弟弟，影响到弟弟的进步。

母亲听了大受感动，就执意要求他出去做点事，在母亲的坚持下，鲁恭才出去教书，等到弟弟鲁丕被举为孝廉之后，他才接受了官府的邀请，做了一名郡吏。

鲁恭知道，只有他们兄弟两个都有出息了，母亲才会真的放得下心，因此他执意等到弟弟先立业之后才去做官，其良苦用心实在是很值得人钦佩。

兄弟之间这种为对方着想的情义，是一个家的福气，更是父母的福气。兄弟之间如果一方有了什么不当的行为，另一方就要像师长一样，要立即制止这种不当行为；当一人遇到挫折的时候，另一方要像挚友那样努力帮助他。

第七章

育家风：养子首先育孝心

常言道，家庭是孩子成长的第一所学校，父母则是孩子的第一任老师。父母的一言一行犹如一面镜子，对孩子具有潜移默化的影响。在孝敬父母方面，很多古人在孩子面前表现出的孝道可谓令人肃然起敬，堪称典范。

孝与不孝在家教

原典赏读

【原文】

养子不教如养驴，养女不教如养猪。

——《增广贤文》

【译文】

有了儿子却不教育他还不如养头驴子，有了女儿却不教育她还不如养头猪。

慈风孝行

教育家说："孩子是站在自己的肩膀上成长的，父母的高度决定了孩子未来的高度；自己能走多远，孩子才能走多远。"父母是孩子最好的老师，只有提升自己的人格魅力，才能获得孩子的钦佩和敬爱，才能让孩子在自己的教育中成为未来社会的精英。

俗话说："要求子顺，先孝爷娘。"事实也确实如此，要想孩子能够成长为一个孝顺的孩子，自己必须先给孩子做好表率。

在孩子面前，父母是活的教科书。孩子犹如一张白纸，在他们幼小的心灵里，你灌输什么就会留下什么样的印记。有位教育家说过："父母对自己的要求，父母对自己一举一动的检点，这是首要的、最基本的教育方法。"

俗话说："喊破嗓子，不如做个样子。"这完全可以用来比喻父母对孩子的身教。在这个世界上，孩子通过模仿而学习，他们的第一个模仿对象正是父母。孩子是父母的一面镜子，每位父母都可以从孩子身上看到自己的影子。

因此，家长要求孩子相信的，自己必须相信；要求孩子做到的，自己必须身体力行。要求孩子独立，不依赖父母，自己先要做到独立；要求孩子孝顺，自己也要孝顺父母。

为了孩子能有一个更好的培养孝道的场所，为了孩子能以更加积极的态度对待生活，为了孩子能努力去拓展自己有价值的人生，让孩子能在自己身边学会做人，父母必须先修正自身，给孩子一个良好的榜样。

作为家长必须谨记：父母是孩子最好的老师，父母是孩子最好的榜样，孝子是从好的家教开始的。

家风故事

孔子的家教

孔子是我国古代伟大的思想家和教育家，儒家学派的创始人，名丘，字仲尼，生于公元前551年，出生在春秋末期鲁国陬邑平乡(今山东省曲阜市东南25千米尼山附近)，殁于公元前479年，享年73岁。他编撰了我国第一部编年体史书《春秋》，曾亲自编定《诗经》305篇，被尊为“圣人”。他的弟子根据他的思想编撰了《论语》一书，他创立的儒家学派对古代中国的影响巨大。

孔子一生的成就和母亲颜征在对他的教育是分不开的。颜征在17岁的时候嫁给66岁的叔梁纥为妾，后生孔子。当时，叔梁纥的妻子施氏生有9个女儿，一妾生一子孟皮。就在孔子3岁的时候，父亲叔梁纥去世了，于是孔家成为施氏的天下。施氏为人心术不正，孟皮生母已在叔梁纥去世前一年被施氏虐待而死，孔子母子也不为施氏所容，于是，颜征在只好携孔子与孟皮移居曲阜阙里，日子过得非常艰难。

这时候，对孔子和孟皮的教育重任就完全落在了母亲颜征在身上。幸运的是，孔子天资聪颖，母亲教给他学的东西可以说是过目不忘。当孔子6岁

的时候，孔子在母亲颜征在的教育下自幼好礼，“为儿嬉戏，常陈俎豆，设礼容，演习礼仪。”（《史记·孔子世家》）

孔子的小小举动，母亲都看在眼里，喜在心上。于是，颜征在先是从语言上有意明确引导儿子的某种发展方向，她知道学习的最好导师在于兴趣，就开始观察孔子喜欢什么。由于孔子住的地方与宗府相离不远，每到祭礼举行时，颜征在都会想办法让孔子和孟皮前去参观。祭祀的仪式冗长乏味，围观的人们渐渐都走了。孟皮也不耐烦，可是孔子却看得津津有味。回去后孔子便迷上了祭祀，每天用收集起来的盆盆罐罐来逐节戏演，寻找利用一切可利用之物来模仿祭礼，也有上香、献爵、奠酒、行礼、读祝、燔柴之举。母亲便问他是不是想当郊祭大典的庙官，孔子说：“我不作庙官，我要像父亲那样做个人人敬仰的大夫。”

母亲好奇地问：“既如此，又为何每天认真地陈俎豆、设礼容呢？”

孔子回答说：“没什么可学的，我只得做陈俎豆的游戏了。”颜征在突然间觉得儿子长大了，就问他：“你也想读书吗？”

孔子很兴奋，说：“当然想了，母亲肯教我吗？”于是颜征在当夜准备了 100 多个“蝌蚪字”，作为儿子一个月的课程，可是只用了一上午孔子便背得滚瓜烂熟，颜征在又写了一些，孔子很快又记住了。不到半月，颜征在已经力不从心，便让孔子和哥哥孟皮一起到官学读书。

官学是官府设立的学校，所收的学生是一些有身份、有地位人家的子弟。颜征在的日子虽然过得清贫，没有一定的社会地位，但因为叔梁纥曾经是陬邑大夫，因此其子弟具有进入官学读书的资格。那时，一般百姓家的子弟是没有资格走进学校接受教育的。

孔子上学之后，颜征在很害怕儿子失去学习兴趣。所以，她直截了当地对儿子说：“儿啊，你要知道，真正做了学生就不可以再贪玩了！”小小的孔子似乎理解了母亲的话。这既让孔子没有了偷懒的退路，又更加激起了孔子对学习的向往。在这个基础上，颜征在又在教学工具的使用和教学模式的研究上下了很大的工夫。

三年平淡的日子很快过去了，这个时候孔子已经 9 岁了。有一天，孔子阴沉地对母亲说不想上学了，颜征在惊问其原因，孔子不满地回答：“老师每天只教那么一点点，我早读熟了，让他多教一点，他不但不教，还拿言语奚落我。”母亲一听就明白了儿子的求知欲望是无止境的，知道老师的能力与知识有限，已不能满足儿子。颜征在就想到了父亲颜襄。

颜襄是当时一位博古通今的学者，有很多学生，颜征在向父亲颜襄说明情况，颜襄素来也喜欢这个天资聪颖、好学不倦的外孙，于是收下了这最后一位弟子，倾尽自己的才学教授他。

颜襄先从大处引导孔子，给孔子讲述三皇五帝的治世大道，并勉励他做个君子，孔子有点不明白地问：“怎样才能做个君子呢?”颜襄说首先是做人，他告诉孔子说：“君子有三思，一是年少不勤学，年长一无所能；二是年老不讲学，死后无人纪念；三是有财不布施，穷了无人救助。”

孔子认真地记了下来，颜襄又说：“为人之世，首先要做个君子。当然，做君子不仅仅是刚才说的三思，更重要的是在德行上严格规范自己，以自身的学识服务社会，教诲万民，做个顶天立地的人物。将来你出仕为官的时候，应近守文武之法，远宗尧舜之道，顺天时，察地理，小则可以教民安身，大则可以治国安邦。”孔子又记了下来。

颜征在非常赞同父亲的教育观点，并根据他的思想在生活中教育孔子。颜征在给了孔子一捆发黄的竹简，上面是孔子先祖正考父的“一命而偻、再命而伛、三命而俯，循墙而走，亦莫敢余侮”。颜襄解释道：“这是你的先祖正考父畏佐宋国三化国君，三次受命，一次比一次谦恭、俭朴的情景。”孔子慢慢将那竹简卷起，紧紧贴在胸前，此时，他为自己的先祖拥有如此的高尚品德而骄傲。

正是良好的家教，使得孔子具有了圣人的思想，终成儒家创始人。

育孝必先育责心

原典赏读

【原文】

先天下之忧而忧，后天下之乐而乐。

——范仲淹《岳阳楼记》

【译文】

在天下人忧愁之前就忧愁，在天下人快乐之后才快乐。

慈风孝行

孝是一种责任意识。这种意识在不同层面分别体现为:赤子情怀、爱岗敬业和完善自身。要培养子女的孝心，就要培养子女的责任心。

责任是一种良好的品质，需要从小对孩子进行培养，家长应在孩子尚未形成自己的价值观念的时候，就让他们意识到责任不仅是一种美德，更是每个人都必备的基本品质，勇于承担责任是任何人从平凡走向优秀的第一步，也是一个孝子应有的品质。

教育学家给父母的提醒是，为了更好地培养下一代，必须从培养孩子的责任感入手。责任感是一个人成熟的重要标志。在家庭里，关心其他人是理所当然的事，分担家庭劳动也是理所当然的事。这些事情会在潜移默化中把责任心植入每个家庭成员的性格特征之中。

如果父母能让你的孩子从处理家务中感到自己对家庭和社会负有不可推卸的责任，认识到自己是个有用的人，孩子就会注意强化自己的责任意识，一旦他们走上社会，就能发挥创造性的才能，成为社会上的有用之才。

责任心是一个人的基本素质，是今后他对社会、对家庭的价值体现。一般来说，培养孩子的责任心，家长应把握以下几个常用的原则：

第一，从自己到他人。不可想象，对自己都不能负责的人，何谈对他人负责？因此，家长对孩子责任心的培养应从孩子自身抓起，为孩子灌输责任意识，纠正以往不负责任的举动。

第二，别让孩子找借口。找借口几乎是人的天性，孩子也不例外。生活中孩子常常会找出这样那样的理由和借口，来推托自己所做的事情。家长们应及时而理性地纠正孩子这种不良的行为习惯，清除滋生“不负责任”的土壤。

第三，让孩子承担家庭事务。孩子作为家庭的一名成员，既应该享受其权利，当然也应承担一定的家庭义务，包括承担一定数量的家务劳动，父母可通过鼓励、期望、奖惩等方式，督促孩子履行职责，培养责任心。

第四，从大处着眼，从小处着手。让孩子在生活中感受责任的分量，哪怕只是倒一次垃圾，洗一块手帕，维护一次公共财物的举动，一件表示同情心的事情。孩子积极主动时应给予表扬鼓励，疏忽或漠视时应给予批评和修正。只有这样，才能让孩子改变“以自我为中心”，了解自己周围的世界，从而强化自己对他人负责，对周围环境负责的责任心。

第五，己正方能他正。父母自身对家庭、对社会的责任心如何，对孩子来说也是一面镜子。从一定角度来说，父母的责任心水平可以折射出孩子的责任心。

对孩子来说，有责任心是一种高尚的道德品质，是一个人对自己的言论、行为、承诺等，持认真负责、积极主动的态度而产生的情绪体验。比如当孩子实现了承诺，完成了任务时他就会感到非常满意，心安理得；即便由于客观原因未能达到要求，但尽了主观努力，虽有遗憾也问心无愧，如果没有尽到责任也会感到惭愧、不安、内疚，等等。孩子的责任感一旦产生，就会成为一种稳定的个性心理品质，可以有效地提高孩子的学习积极性，自觉加强意志锻炼，促进个性的全面发展。

家风故事

颜真卿教子守本职

颜真卿，唐代中期杰出的书法家。他创立的“颜体”楷书与赵孟𫖯、柳公权、欧阳询并称“楷书四大家”。

颜真卿少时家贫缺纸笔，用笔蘸黄土水在墙上练字。初学褚遂良，后师从张旭，又汲取初唐四家的特点，兼收篆隶和北魏笔意，自成一格，一反初唐书风，化瘦硬为丰腴雄浑，结体宽博气势恢弘，骨力遒劲而气概凛然，人称“颜体”。颜体奠定了他在楷书书法界千百年来不朽的地位，颜真卿是中国书法史上最富影响力的书法大师之一。他的“颜体”与柳公权并称“颜柳”，有“颜筋柳骨”之誉。

颜真卿秉性正直，笃实纯厚，有正义感，从不阿于权贵，屈意媚上，以义烈名于时。他一生的事迹，深深地影响着孩子。

安史之乱之后，唐朝转向衰落，出现了藩镇割据的局面。唐代宗死后，他的儿子李适即位，为德宗，但实权却被宰相卢杞把持。卢杞一直对颜真卿的才略和耿直嫉恨在心。

公元 782 年，唐德宗想改变藩镇专权的局面，却引发了藩镇叛乱。其中淮西节度使李希烈兵势最强，他自称天下都元帅，向朝廷进攻，朝野大为震惊。唐德宗找宰相卢杞商量，卢杞欲借机铲除颜真卿，于是说：“不要紧，只要派一位德高望重的大臣去劝导他们，不用动一刀一枪，就能把叛乱平息下来。”

卢杞推荐了年老的太子太师颜真卿。这时候，颜真卿已经是快 80 岁的老人了。文武官员听说朝廷派他到叛镇去做劝导，都为他的安全担心。但是，颜真卿却不在乎，带了几个随从就赶往淮西。唐朝宗室李勉听到这件事，觉得朝廷将失去一位元老，于是秘密上奏请求留住他，并派人到道路上去接他，但没有赶上。

李希烈听到颜真卿来了，想给他一个下马威。在见面的时候，叫他的部将和养子一千多人都聚集在厅堂内外。颜真卿刚刚开始劝说李希烈停止叛乱，那些部将、养子就冲了上来，个个手里拿着明晃晃的尖刀，围住颜真卿又是谩骂，又是威胁。但颜真卿却面不改色，朝着他们冷笑。

李希烈于是命令人们退下。接着，把颜真卿送到驿馆里，企图慢慢软化他。叛镇的头目都派使者来跟李希烈联络，劝李希烈即位称帝。李希烈大摆筵席招待他们，也请颜真卿参加。叛镇派来的使者见到颜真卿来了，都向李希烈祝贺说："早就听到颜太师德高望重，现在元帅将要即位称帝，正好太师来到这里，不是有了现成的宰相吗?"

颜真卿扬起眉毛，朝着叛镇使者骂道："什么宰相不宰相！我年纪快80了，要杀要剐都不怕，难道会受你们的诱惑，怕你们的威胁吗?"李希烈拿他没办法，只好把颜真卿关起来，派士兵监视着。士兵们在院子里掘了一个一丈见方的土坑，扬言要把颜真卿活埋在坑里。第二天，李希烈来看他，颜真卿对李希烈说："我的死活已经定了，何必玩弄这些花招。你把我一刀砍了，岂不痛快!"

过了一年，李希烈自称楚帝，又派部将逼颜真卿投降。士兵们在关禁颜真卿的院子里，堆起柴火，浇足了油，威胁颜真卿说："再不投降，就把你放在火里烧!"颜真卿二话没说，就纵身往火里跳去，叛将们把他拦住，向李希烈汇报。公元785年8月23日，李希烈想尽办法，终没能使颜真卿屈服，就派人将其缢杀，终年77岁。

其实，就在颜真卿被贬时，他就告诉自己的儿女们说："政可守，不可不守。"就是说为官不可不守本职。他还表示自己虽然因为向朝廷直抒己见，得罪了权贵者而遭贬斥的命运，但并无可耻之处，他希望子孙们领会他的心志，恪守自己的职责。

品正方能铸孝道

原典赏读

【原文】

读书者不贱；守田者不饥；积德者不倾。

——清代张英家训

【译文】

爱读书的人素质自然就高，种田的人自有饭吃，积德行善的人不会一败涂地。

慈风孝行

人是一种社会性、群体性动物，任何人都不能离开社会而生存，人的社会本质弥补了自然性的缺憾，使人成为万物之灵，而德是人社会属性的本质体现，也是人区别于动物的标志之一，一个没有道德的人只是生物学上的一个生物而已。一个人只有具备了一定的德行才能在这个社会上立足。立德也是一个人生存和发展的需要，作为家长要把这种概念深深植入到自己的教育理念中来。

古语说："积德者不倾。"这里"倾"指倾覆、倾危、倒坍，也有不倾夺、不争胜的意思。积德行善，不与人争夺，就不会倾覆危亡、丧身败家。清代文华殿大学士张英教诫子孙："人必厚重沉静，而后为载福之器。"不管是在古代的社会，还是当今社会中，我们都要重视对后代的德行教育。

父母不但要注重自身的德行和修为，还应该重视对子女的德行教育和培养。那么什么才是具有良好德行的人呢？

良好德行的人指的是品德、健康、才能都具有的人。父母在家庭教育中只重视对孩子身体健康的锻炼，孩子将成为四肢发达、头脑简单的人；只重视智能教育，孩子会弱不禁风；只重视品德教育，孩子可能会成为懦夫。这三种人对社会、对人类都是无用的，因此，父母在心中要树立这样的一个理念：孩子的教育必须全面进行。

正如有人所说，孩子的心灵是一块奇妙的土地，播上思想的种子，就会获得行为的收获；播上行为的种子，就能获得习惯的收获；播上习惯的种子，就能获得品德的收获；播上品德的种子，就能获得命运的收获。

因此说，孩子的命运掌握在父母的手中。父母若严格要求自己，做孩子的表率，努力培养孩子好的德行，为开拓他们的美好前程积极创造条件，同时也能使自己成为一个伟大的人。

在对孩子进行品行教育的时候，一定要注意行为习惯的培养，随时随地并坚持不懈。人生在世，自己的所作所为必然会得到相应的报答，让孩子懂得这一道理非常重要。

家风故事

十四个儿女都成才

西汉时期，南郑有一妇女叫杜泰姬，是赵宣的妻子，她生了七个儿子七个女儿。因为孩子很多，她针对每个孩子的不同特点对孩子进行教育，把儿女都培养成才，在公众中口碑甚佳。

杜泰姬在认真分析每个孩子的特点以后，分别对男孩和女孩进行不同的教育。她根据男孩一般性格活泼不受拘束的特点，经常教育他们说："我们普通人的脾气禀性，是可以变化的，既可变好，也可变坏，这里边的关键在于经常检点自己的言行举止。如果不严格要求，放纵姑息自己，任自己自由发展，很容易养成不良习气，走上邪路。"

她还用古人注意自身修养的故事教育男孩子，她说："战国时期，魏国有一个人叫西门豹，他在受任邺令时，破除害人的巫术迷信，废止为河伯娶媳妇的十分残忍的传统做法，为人民除了一大害，深受百姓感激、爱戴。西门豹年轻时，脾气暴，肝火盛，遇事好发急。他深知自己的弱点，便有意识地佩戴皮质柔软的熟皮皮带，用以时刻告诫自己，遇事不要急躁。

"春秋时期，鲁国有一个人叫宓子贱，生来性情疲沓，没有朝气，是个慢性子。他深知自己的弱点，便经常随身佩戴一张紧绷绷的弓，以激励自己遇事要果断，行动要迅速，不要拖拖拉拉。"

母亲告诉儿子，由于这些人针对自己的弱点，时时刻刻注意检点自己的言行，身上的毛病都逐步得以克服，后来都成为天下的名士。

她针对女人的特点，结合自己的切身体会，经常教导女儿和儿媳们说："我在怀孕的时候，就注意以平和柔顺的心实行胎教，处处约束自己的言行。当孩子出生以后，就注意精心哺育、爱抚他们。等他们懂事以后，就注意引导他们注重仪表端正，举止大方，时时要求他们对人彬彬有礼，教导他们要尊重他人，处处严格要求他们，因此，他们长大以后都成为有用的人才。这些都是我做母亲的经验，你们身为妇人，将来都要做母亲，希望你们不要忘记我的教育方法。"

在杜泰姬的精心抚养和耐心教育下，她的七儿七女都成为品德很好的人。她的七个儿子，个个都担任了州牧和郡守一级的长官。

她针对男女不同性别的个性特征，对儿女分别给予不同的教育方法，给我们以极大的启示。

子不教，父之过

原典赏读

【原文】

子不教，父之过。

——《三字经》

【译文】

有了儿子却不教育他，这是父亲的过错。

慈风孝行

“父亲”这个岗位对孩子来说究竟意味着什么？经过大量的调查研究，育儿专家给“父亲”这个岗位提出了如下的几个方面的定义：

1.父亲是孩子的重要游戏伙伴，孩子需要在游戏中成长。

外出野餐时，父亲常常会带着孩子上山采果、下河摸鱼。在孩子看来，唯有父亲能陪他完成这次冒险，并且在危难的时候帮助他。即使在家里，父亲也常常会把孩子举到肩上，来回旋转，或抛向天空。这些动作常有一定的危险性，但父亲的大手和力量可以让孩子感受到刺激与安全，孩子们会快乐地“咯咯”大笑。

在刚开始的20个月时，父亲成为孩子的基本游戏伙伴，20个月的婴儿对父亲的游戏明显地感兴趣，反应积极；30个月以后，则成为主要的游戏伙伴。这时的婴儿有兴致和父亲一起玩游戏，他们会把父亲作为第一游戏伙伴来选择。

2.父亲帮助孩子形成积极的个性品质，培养孩子的正面情绪。

在现代社会，男性的独立、自主、坚强、果断、自信、与人合作、有进取心等是富有创业精神的一代人应积极学习的精神。父亲正是促进孩子形成积极个性的关键因素。理想的父亲通常具有独立、自信、自主、孝顺、勇敢、果断、坚强、敢于冒险、勇于克服困难、富有进取心、富有合作精神、热情、外向、开朗、大方、宽厚等个性特征。

3.父亲能提高孩子的社交技能，让孩子今后成为乐于协作的人。

父亲是保持家庭与外部社会联系的“外交官”，对孩子社交需要的满足、社交技能的提高具有极其重要的作用。随着孩子的长大，他与外界交往的需要日益增多，父亲成为孩子重要的游戏伙伴，扩大了孩子的社交范围，丰富了孩子的社交内容，满足了孩子的社交需要。

同时，父亲和孩子的交往使孩子掌握更多、更丰富的社交经验，掌握更多、更成熟的社交技能。当孩子在和父亲的游戏中反应积极、活跃时，在和同伴的交往中也较受欢迎。因为父亲影响了他的交往态度，使他喜欢交往，在交往中更加积极、主动、自信、活跃。

4.父亲能使孩子形成孝顺的意识，让孩子认识到孝顺的含义。

父亲有着多种角色，丈夫、父亲，还有儿子，父亲要在这几角色中互换，作为丈夫要为妻子负责，作为父亲需要承担教育孩子的义务，当然还有最重要的一点是作为儿子要孝顺父母。如果一个父亲连自己的父母都不孝顺，那么又如何要求他的子女孝顺自己呢？有些时候父亲的一言一行可以影响到孩子，因为在孩子的眼里，父亲是自己学习的榜样。

父亲要让孩子知道，父母对子女倾注了无私的爱，子女应该以无私的爱回报父母，这是天经地义的。

家风故事

李贞以身作则教育李文忠

李文忠是明代开国著名将领，字思本，小名保儿，江苏盱眙人。他的成长历尽千辛万苦，在战场上屡建战功，终名垂千史。

李文忠的为人主要受其父亲李贞的影响，李贞重情重义，教育孩子时以身作则。元朝末年，天降灾荒，四方义军四起，穷苦的农民李贞为了寻找他的妻弟朱元璋，带着他 14 岁的儿子保儿背井离乡，四处讨饭、流浪，并打听朱元璋的下落。尽管一路上饥饿难耐，但是每当他们讨要到一点食物时，李贞总是把它分给比他们更可怜的穷人。有时候路过庄稼地看到玉米秆上还有一点残存的玉米粒，李贞坚决不让保儿去做祸害老百姓的事情，而是让保儿忍耐再忍耐。不久，李贞找到了当时已经在郭子兴起义军中任职镇守滁州的朱元璋，他们的境况好多了，但是李贞仍不忘那些贫困中的穷人，经常把自己的银两分给那些贫病交加的穷苦人。李贞的所作所为，给保儿留下了深刻的印象。

在朱元璋的培养下，渐渐长大的保儿出落得一表人才，还学会了布阵斗兵，朱元璋十分喜欢他，而李贞却不时地将儿子叫到跟前，叮嘱儿子要学会为人处世，不要忘记过去的穷苦日子。

保儿 19 岁的时候，已经开始带兵打仗，他的名字也改成了李文忠。李文忠作战勇敢，他配合朱元璋的大将常玉春，打得元朝军队大败，很多人对他刮目相看。李贞看到众人对李文忠的奉承越来越多，他极为不安，默默地拿出了他们当年讨饭时盖的旧被子放在了儿子的面前。李文忠马上理解了父亲的良苦用心，他主动向父亲承认自己的错误，表示再也不会自傲和忘本，并给自己起了一个字号“思本”，意思是永远不忘本。

李文忠不但屡立战功，而且他的军队纪律严明，秋毫无犯，深受百姓的欢迎。1368 年正月，朱元璋登基做了明朝皇帝，而李文忠也因为战功卓著，陆续被封为征虏大将军、荣禄大夫、右助国等官职，掌管国家军事大事。

把握好爱的“度”

原典赏读

【原文】

母慈儿亦孝，母廉儿亦洁。

——中华俗语

【译文】

母亲慈爱儿子就会孝顺，母亲廉洁儿子也会廉洁。

慈风孝行

母亲慈爱会促使自己的子女孝敬，母亲廉洁儿子也会廉洁。但是在现今社会如果过度慈爱会败子，而过度严厉也会毁子。

慈母败子的错处在于让孩子的自我无限地扩张，而严母毁子的错处在于让孩子的自我无限地萎缩。母亲过于严厉，不仅对孩子的身心发展有危害，还会对孩子的价值观进行腐蚀。若母亲对孩子管教过于严苛，对孩子没有耐心，容易暴怒、动辄体罚，就会适得其反。孩子在这样的环境中长大就会在潜意识中把暴力思想植入自己的大脑，以为这就是解决问题的方法，久而久之就养成了崇尚武力解决一切问题的习惯，将严重阻碍孩子的健康发展。

如今社会，母亲一定要慎重对待给孩子的爱，只有把握好爱的“度”，才能发挥好爱的作用。

家风故事

做官要行为端正

唐朝初年，河北高邑有个名叫李畬的人家境贫寒，父亲因病早早地离开了人世，母亲李夫人含辛茹苦地把他拉扯大，并供他读书，教育他要清清白白地做人。在母亲的谆谆教诲下，聪明好学的李畬在科举考试中一举成名。踏入仕途后他牢记母亲教诲，两袖清风，一尘不染，深受百姓爱戴。由于他清正廉洁，政绩卓著，武则天将他调往京城任监察御史，主管考察官吏、巡视郡县、检查刑狱等。

一天傍晚，李畬高高兴兴地回家了，他身后跟着一辆大马车。

李畬到家没来得及见母亲，便呼家仆打开仓门，又指挥着他们卸车，把一袋袋粮食往仓房里搬。

这是李畬上任后的第一个月，朝廷里专管仓库的官吏派人给他送来的薪米。李畬知道按照朝廷的规定，他的薪米应是十斛（古代的量器，十斗为一斛），但凭直觉他觉得仓官送给他的薪米好像不止十斛。他让家人量了一下，果然多出了三斛。他觉得奇怪，便问送薪米的小吏说："为什么要多送给我三斛薪米？"

小吏回答说："小人受仓官之命，只管运送薪米，从不过问数量的多少。不过据小人所知，以前送给前任御史大人的薪米一直都是在原来的基础上多加三斛，而且御史官的禄米在过斛时，按惯例是不要刮平斛口的，这早已成了惯例，从来也没有人问起过这事。"

李畬说："我身为监察御史，负责各级官吏的考核，理应勤政为民，率先垂范，成为百官的楷模，怎么能平白无故地多收三斛薪米呢？这事万万做不得，你立即将多余的薪米给我带回去，以后一定要如数给我送来薪米。"

小吏听罢，面有难色地说："李大人，您就不要为难小人了。仓官让小人给您送这么多，小人只能唯命是从。现在你让小人将多余的薪米带回去，小人该怎么向仓官交代？如果李大人坚持不要多余的薪米，小人回去后将情况报告给仓官，下次如数给您发送便是了。”

李畬深知官场有许多恶习，积重难返，再说他觉得眼前这位小吏说得合情合理，所以想了想决定不再为难这位小吏。于是他对小吏说：“既然是这样，这一次就算了，下不为例!”

“嘚嘚”的马蹄声和杂乱的说话声惊动了正在房间里看书的李夫人，她将李畬和小吏的对话听了个仔细。

李畬的母亲学识渊博，教子很严，秉性正直廉洁。李畬很小的时候，母亲就很注意对他进行教育，既抓他的学业，又重视他的品德修养。后来，李畬在朝廷里做了监察御史，专门负责检察官员们在军事、政务等各方面的情况。李畬当了官后，母亲更注意教育他：要行为端正，莫谋私利。

想不到此时又见儿子要留下多余的三斛米，李夫人连忙大声叫道：“畬儿!畬儿!你过来!”

李畬忽然听见娘在后院里叫他，以为娘的身体不舒服，赶紧跑到后院，亲切地问道：“娘，您怎么了？”

李夫人板着面孔，十分严肃地对李畬说：“畬儿，廪米是老百姓的血汗血脂，你怎么能随便多收呢？听娘的话，多余的三斛米一粒也不能留!”

“娘!”李畬知道留下多余的三斛米是不对的，但他刚才已经答应小吏“下不为例”，如果出尔反尔岂不颜面尽失？因此，他婉转地告诉母亲说：“娘，您老人家说得很对，只是儿已吩咐小吏下不为例，以后不再多送也就是了。”

哪曾想，李夫人听罢竟然怒气冲冲地说道：“下不为例？下不为例原是官场恶习，官场多少事坏就坏在了下不为例上。有了第一次就会有第二次，第三次……要知为政清廉必须要从防微杜渐做起，你身为考察百官的官吏，连最起码的遵纪守法、照章办事都做不到，又怎么能够教育和管理别人呢？”

说到这里，李夫人停了一会儿，语气非常坚决地说：“畬儿，娘给你把丑话说在前面，娘只吃你分内的米，你今天要是留下这多余的米，娘从今天开始就不吃饭了。”

李畬见母亲态度坚决，只好点头答应退回多余的三斛米。他安慰母亲说：“您老不要生气了，免得伤了身子，孩儿遵命就是了。”母亲见李畬答应退回薪米，这才转怒为喜。

回到前厅后，为了既能退回多余的三斛米而又不为难送米的小吏，李畬给管仓库的官吏写了一封亲笔信，让小吏拿着他的亲笔信和多余的薪米回去向仓官交差。

小吏刚准备往回走，李母又突然问：“畬儿!等等!你雇的这辆马车，车钱是多少啊?”

“当御史嘛，雇马车是不用付钱的。”小吏还是那样满不在乎。

“畬儿!”李母一下变了脸色，怒气冲冲地说：“你身为监察御史，检查的就是那些贪赃受贿的不法行为，怎么你自己还这样做呢?”

李母喘了几口粗气，接着又说：“我们李家几代做官，没出一个像你这样的。想当年，有人牵来成群的马和牛献给你的曾祖父，他老人家只不过喝了人家的一杯敬酒，一匹马、一头牛也没要。你父亲在世的时候，也最讨厌那些贪赃受贿的人，多次揭发他们，难道你今天……”

“扑通”一声，还没等母亲说完，李畬跪在母亲的跟前说：“娘，您别说了，孩儿知错了!”

随即，李畬照付了马车钱。

小吏赶车走后，老夫人又把李畬叫到身边，语重心长地说：“畬儿，人在贫贱的时候，一定要有志气；当了官吏后，一定要清清白白。三斛薪米虽然值不了几个钱，可如果你留下它，你的官德就沾上了污点。你一定要记住娘的话，不畏权势，不欺弱民，秉公办事。如果你因此而仕途不顺，甚至丢了头上的乌纱帽，我们娘儿俩一起回老家种田、打草鞋，照样也能过上好日子!”李畬连连点头，保证以后要坚决按母亲说的去做。

当天晚上，李畬自知有失，连夜向武则天写了一份自劾状和一份奏折，大胆揭发了仓官滥放国库的粮食讨好官吏，糟蹋百姓血汗的不法行为。武则天看了李畬的奏章后，当即震怒，立即下诏罢免了仓官，并责令朝廷官员全部退回多收的薪米。

俗话说：“母慈儿亦孝，母廉儿亦洁”，为人父母者，理应做到“言传身教”，已正正人，给子女做个榜样，为官者父母更应如此!

在李夫人的谆谆教诲下，李畬始终保持为官清廉，受到了老百姓们的普遍赞誉。

教孩子懂得感恩

原典赏读

【原文】

慈母手中线，游子身上衣。临行密密缝，意恐迟迟归。谁言寸草心，报得三春晖。

——孟郊《游子吟》

【译文】

慈母用手中的针线，为远行的儿子赶制身上的衣衫。临行前一针针密密地缝缀，怕的是儿子回来得晚衣服破损。有谁敢说，子女像小草那样微弱的孝心，能够报答得了像春晖普泽的慈母恩情呢?

慈风孝行

感恩在所有的文化中都是一种美德，“天地君亲师”曾是传统国人必须时刻谨记在心的感恩对象，孝顺的人都知道感恩，父母想培养一个孝顺的孩子更要学会感恩。一个成就再大的人，如果不懂感恩与孝顺，人们会说他无情无义；相反，一个失足的浪子，如果还不忘父母的恩情，人们仍然会对他有所怜悯。感恩不仅属于经历沧桑的侠客名士，也属于每一个平凡人。

缺乏感恩意识的孩子，无论他的能力多么出色，都难以成为真正意义上的强者，因为社会难以接受和认可不知道感恩的人。父母要想把自己的孩子培养为一个强者，就必须培养孩子的感恩意识，教孩子感恩父母，感恩社会，感恩大自然，感恩每一个人。

那么，父母应该怎样来唤起蕴藏在孩子心底的爱心，鼓励他们学会感恩呢？可以试着从以下这些方面来做：

首先，从培养孩子感恩父母开始。父母是孩子最亲近的人，在日常生活中注意培养孩子对自己的爱，有助于孩子形成一种良好的爱别人的习惯。

其次，在孩子心中播撒善良的种子。在孩子心里撒下什么样的种子，以后就会收获什么样的果实。可以多给孩子讲一些助人为乐的故事，让孩子明白我们应该帮助需要帮忙的人。

最后，学会保护孩子的善行。孩子小时候往往没有什么金钱观念，他会把家长给他买的昂贵玩具送给别人，也许原因就是那个小朋友没有。你可以耐心地询问孩子原因，也许他会告诉你，那个小朋友没有爸爸，妈妈没有给他买玩具，所以才送给他。这个时候，要是父母只知道叫孩子去把东西要回来，那孩子的善心可能要被你泯灭了，这是多少钱都换不回来的。

总而言之，在一个文明社会里，谁都不愿意跟孤傲而没有爱心的人打交道。在培养孩子的感恩意识时，家长可以引导他们进行换位思考，让他们认识到感恩也是一种幸福。感恩之心的培育，从孩子小的时候就应该着手。每晚睡觉之前，你不妨花一点时间和孩子一起回想一下，今天有什么值得孩子感激的事，比如父亲的一句叮咛、母亲的一顿早餐、邻居的一个致意、同学的善意帮助、老师讲课时忙碌的身影等，这些都是生命中爱的体现，都值得孩子去珍惜，长此以往，孩子会感恩所有的人，同时也会更爱对他最好的父母。

家风故事

李晟教女敬公婆

李晟是唐朝的一个大官，官至太尉、中书令。他有个女儿，嫁给一个姓崔的官员，按当时的习惯家人都称她为崔氏。

一次李晟过生日，大清早，崔氏就赶回家来为父亲祝寿。酒宴刚刚开始，一杯酒还没喝完，崔家的一个使女就急匆匆地走了进来，凑在崔氏的身边耳语了一阵。崔氏听完微皱眉头，寻思了一会儿，挥了挥手，使女便风风火火地走了。

酒宴继续进行，正当众人酒兴正浓的时候，那使女又急急忙忙地跑了回来，向崔氏嘀咕了好一阵，好像很为难。崔氏很不耐烦地又把使女打发走了。

李晟是个细心的人，他在高高兴兴接受客人和晚辈敬酒的时候，观察到了女儿这边的动静。找了一个机会，他把女儿招呼到自己的身边，轻声地问："怎么，家里有什么事吧?"

"没什么，大家在给您祝寿，爹爹就不要分心了。"崔氏摇了摇头，毫不介意地说。

"不要瞒爹爹了，你家里一定有什么事，快跟我说来!"

"我的婆婆昨天夜里犯了病，今天还有些不舒服。女儿怕扫宴会的酒兴，再说婆母的病也不太重，就没有回去，已打发下边的人去服侍了，若有什么情况会及时告诉我的……"崔氏如实地回着话，语气还是那样淡淡的。

看到女儿这样漫不经心地对待婆婆的病，李晟很生气，就严肃地说："你作为人家的儿媳妇，婆婆有病，你怎么能不去服侍照料，却跑来为我过生日呢?"

"你过生日，女儿不在也是不孝敬啊!况且满朝文武都在，女儿于席间离开，也不礼貌啊!"女儿委屈地辩解道。

"在家敬父母，出嫁孝公婆。祝寿和服侍病人哪个更急啊？你听说婆婆生病便急忙离去，客人只会夸李家的女儿有教养。相反，不回去别人倒会说闲话。"说完，便让家人备车，送女儿回家，去照料婆母。

崔氏走后，李晟想到女儿刚才的态度与自己过去教育不够有关，心里很不安。酒宴一撤，李晟便急忙赶到女儿家，问候亲家的病情，并且为女儿今天的失礼，再三表示歉意。

亲家母被感动得流下热泪，因儿媳失礼而生的怨气，一下子全消了。

李晟严格地要求自己，教育女儿孝敬公婆，受到满朝文武的称赞。

品德育子孝之魂

原典赏读

【原文】

德有伤，贻亲羞。

——《弟子规》

【译文】

注重品德修养，不可以做出伤风败德的事。

慈风孝行

想培育一个孝子，就需要有优质的品质，品质是人生之本。一个人的品质和修养决定了他成就的高度。在孩子成长的道路上，我们需要以优秀的品质来启迪他们的智慧，激发孩子的力量，升华他们做人的境界。孩子只有具备了优秀的品质，他们才能够实现自己人生的价值，创造出卓越和精彩的人生。

在家庭教育的过程中，我们要注重孩子的品德教育，因为孩子的思想品质和道德品质的高度往往决定了他们人生的高度。

现在很多的教育家也很注重孩子的德商教育。德商，是指一个人的德行水平或道德人格品质。德商的内容包括体贴、孝顺、尊重、宽恕、诚实、负责、平和、忠心、礼貌、幽默等各种美德。我们常说的“德、智、体”就把德放在首位，还有人说，品格胜于知识。一个有高德商的人，一定会受到信任和尊敬，自然会有更多成功的机会。现实中的大量事实说明，很多人的失败，不是能力的失败，而是做人的失败、道德的失败。

因此，家长要注意对孩子品德的教育。对孩子进行品德教育时，父母要以身作则，做孩子的榜样。

父母要教导结合，培养孩子言行一致。教导结合，即正面教育和引导行动相结合，使孩子切实达到言行一致。

家庭环境对孩子的成长至关重要，为了孩子，也为了全家人的幸福，家庭成员应当共同努力，创造一个和谐与温馨的家庭氛围。家庭氛围是看不见、摸不着的，却是实实在在可以感知与感受的环境，它对孩子品德、性格、情感的形成，在某种意义上具有决定性的作用。积极、孝顺、热情、善良、宽容等优秀品格，不是单靠说教就能形成的，也不是逼迫孩子读几本书所能学到的。

家风故事

郑母教子成“清吏”

郑善果是隋朝有名的大臣，为官勤谨公正，以清廉节俭著称。郑善果的这些优良品德与他寡母的谆谆教诲是分不开的。

郑善果的母亲是清河（今山东临清）崔家的女儿，13岁时，嫁给郑善果的父亲郑诚。7年后，郑诚在与尉迟迥的叛军交战时战死在沙场。郑善果的母亲当时才20岁，年纪轻轻就守了寡，母子二人相依为命。父亲想让她改嫁，她却抱着儿子善果说：“郑君虽然已死，但是幸亏我还有一个儿子。抛弃儿子就是不慈爱，背叛死去的丈夫就是无礼。”于是不再嫁人。

郑诚因为是为国而死，朝廷对他的家属非常照顾。郑善果刚刚成年，就被封为持节大将军，袭开封县公的爵位，40 岁就担任沂州刺史，不久又升为鲁郡太守，负责一郡的事务。

郑善果的母亲秉性贤良，颇有节操，博览书史，通晓政事。郑善果每次处理公事，母亲就坐在胡床上，躲在屏障后暗中观察。

听到儿子分析裁断合理，就非常高兴，让儿子坐在身旁，母子俩说说笑笑。如果儿子办事不公允，或者处理事情时对人无端发怒，母亲回到屋里，就躺在床上蒙面而哭，整天不吃饭。哭泣着对他说：“并不是我对你发怒，只是我为郑家感到羞愧。你父亲是个忠诚勤奋的人，做官清廉谨慎而恭敬，他从未有过私心，最终以身殉国，我也指望你能继承你先父的遗志。你很小就成了孤儿，我是个寡妇，有慈爱而没有威严，使你不懂得礼数，怎么让你继承忠臣的事业呢？你从小就承袭公侯的爵位，官位到了方伯（古代诸侯中的领袖，谓为一方之长），要像你父亲那样，在工作上不要有私心，做官要清正要廉明，不要遇到一些不顺心的事就发脾气，也不要心里总想着骄奢取乐，而对公务懈怠。如果做官你不能清正廉明的话，对于家里你是败坏家风，甚至会导致失去官位袭爵；在外则违背天子的王法，自取灭亡。我死后，又有何脸面去见你的父亲呢？”母亲的教诲使善果逐渐树立了良好的品德和廉洁的作风。

郑善果的母亲不以儿子官至三品，俸禄丰厚，就贪图安逸，还是经常纺纱织布，直至深夜方才睡觉。

郑善果的母亲平时生活极其节俭，并以此教导儿子，自从守寡以后，她就不再涂脂抹粉，经常穿粗布衣服。她秉性节俭，除了祭祀或宴请宾客，吃饭一般不摆放酒肉。平时只静静地独自待在家里，未曾离开房门一步。内外亲戚有什么吉凶事情，她都要赠送厚礼。庄园出产或赏赐给她的东西，以及亲戚朋友赠送的礼品，她都一概不许拿进家门。

一个人的良好品格和习惯的养成，离不开亲人的培养和教诲，在亲人的言传身教之下，时时刻刻都会影响一个人的思想和行为，帮助我们树立正确的行为标准和人生准则，从而一步步走向成熟与成功。

郑善果从母亲的良好品质行为中受到教诲，树立了良好的品德和作风。自从他担任各地州郡长官以来，都是从自己家里带饭，省下来的饭费或者用来修理衙门屋宇，或者分给手下差役们。郑善果一生为官勤勤恳恳，兢兢业业，认真负责，不奢不侈，清廉节俭，以清官的好名声而善始善终。

隋炀帝曾派御史大夫张衡考察百官政绩，郑善果以清俭名列天下第一，为天下“清廉之最”。因此受到朝廷的奖赏，官职也提升为光禄卿，成为一代名臣。

参考文献

[1] 曾仕强．孝经给现代人的启示[M]．西安：陕西师范大学出版社，2014.

[2] 谭小芳．孝经智慧与企业管理[M]．北京：中央广播电视大学出版社，2014.

[3] 梁冬．历史二十四孝故事新编[M]．北京：中国社会出版社，2014.

[4] 《经典读库》编委会．中华家训传世经典[M]．南京：江苏美术出版社，2013.

[5] 冯自勇．朱柏庐先生家训[M]．天津：天津大学出版社，2013.

[6] 于永玉，等．尊老爱幼[M]．天津：天津人民出版社，2012.

[7] 靳丽华．颜氏家训[M]．北京：中国华侨出版社，2012.

[8] 王春红．孝经[M]．北京：企业管理出版社，2012.

[9] 朱明勋．中国古代家训经典导读[M]．北京：中国书籍出版社，2012.

[10] 钟墨．每天读点孝经智慧大全集[M]．北京：同心出版社，2012.

[11] 颜氏家训[M]．檀作文，译注．北京：中华书局，2011.

[12] 增广贤文·弟子规·朱子家训[M]．论湘子，评注．长沙：岳麓书社，2011.

[13] 张铁成．曾国藩家训大全集[M]．北京：新世界出版社，2011.

[14] 陈才俊．中国家训精粹[M]．北京：海潮出版社，2011.

[15] 李彗生．孝的系列故事[M]．成都：四川大学出版社，2011.

[16] 曾少蘅．孝老爱亲故事集[M]．武汉：武汉大学出版社，2011.

[17] 陈小平．二十四孝故事[M]．苏州：苏州大学出版社，2010.

[18] 王芸廷．中华孝德故事[M]．郑州：河南人民出版社，2010.

[19] 礼记·孝经[M]．胡平生，陈美兰，译注．北京：中华书局，2007.

[20] 刘先锋．当代中华十大慈孝故事[M]．北京：中国财政经济出版社，2009.

[21] 姚淦铭．孝经智慧[M]．济南：山东人民出版社，2009.

后　记

一个家庭或家族的家风要正，首先要注重以德立家、以德治家。其次还要书香不绝，坚持走文化兴家、读书树人之路。习近平总书记谈到自己的经历时，曾经多次谈及自己的淳朴家风。从某种意义上说，正是因为家风家教的缺失，一些人走上社会之后容易失去底线，做出一些违背道德、法律的事情，导致家风缺失、世风日下。现在重提“家风”，是有积极现实意义的。这是一种文化的回归，是一种历史智慧的挖掘与重建。

端正家风，弘扬传统教育文化，传承优秀的治家处世之道，正是我们策划本套书的意图所在。

本套书从历代各朝林林总总的家训里，摘取一些能够表现中国文化特点并且对于今天颇有启发意义的格言家训，试做现代解释，与读者共同品味，陶冶性情。

在本套书编写过程中，得到了北京大学文学系的众多老师、教授的大力支持，安徽师范大学文学院多位教授、博士尽心编写，在设计现场给予指导，在此表示衷心的感谢！尤其要特别感谢安徽省濉溪中学的一级教师田勇先生在本套书编写、审校过程中给予的辛苦付出和大力支持！

本套书在编写过程中，参考引用了诸多专家、学者的著作和文献资料，谨对这些资料、著作的作者表示衷心的感谢！有些资料因为无法一一联系作者，希望相关作者来电来函洽谈有关资料稿酬事宜，我们将按相关标准给予支付。

联系人：姜正成

邮　箱：945767063@qq.com